U0234339

Java
分布式中间件
开发实战

解承凯◎编著

北京理工大学出版社
BEIJING INSTITUTE OF TECHNOLOGY PRESS

图书在版编目(CIP)数据

Java 分布式中间件开发实战 / 解承凯编著. –– 北京:
北京理工大学出版社, 2023.9
　ISBN 978–7–5763–2827–1

　Ⅰ. ①J… Ⅱ. ①解… Ⅲ. ①JAVA 语言—程序设计
Ⅳ. ①TP312.8

　中国国家版本馆 CIP 数据核字(2023)第 164756 号

责任编辑: 江 立		**文案编辑:** 江 立	
责任校对: 周瑞红		**责任印制:** 施胜娟	

出版发行 / 北京理工大学出版社有限责任公司
社　　址 / 北京市丰台区四合庄路 6 号
邮　　编 / 100070
电　　话 / （010）68944451（大众售后服务热线）
　　　　　　（010）68912824（大众售后服务热线）
网　　址 / http：//www.bitpress.com.cn

版 印 次 / 2023 年 9 月第 1 版第 1 次印刷
印　　刷 / 文畅阁印刷有限公司
开　　本 / 787mm × 1020mm 1/16
印　　张 / 14.5
字　　数 / 317 千字
定　　价 / 79.00 元

当前中国的互联网行业正处于高速发展之中，上网人数已达 10 亿之多，大量的用户访问带来了更加复杂的业务场景。在用户群体较少时，也许一个单体应用就能支撑业务的发展。但是当用户访问量达到数亿人次时，单体应用就不能满足实际需求了，靠简单地增加计算机并不能解决大流量冲击，于是分布式系统架构便在这样的大背景下诞生了。

分布式系统将单个服务拆分成多个微服务，并分别将其部署在不同机房的计算机上，访问流量被分流到不同微服务上进行业务处理。分布式系统的这种特性可以让服务进行水平扩展，从而不断支撑业务的发展。分布式系统通过引入分布式缓存、分布式事务、分布式锁、消息组件、服务治理及监控等各种中间件来保证整个系统的可靠性与稳定性。分布式系统开发已经成为当下各大互联网公司的主流开发模式，每个 Java 后端服务开发人员都需要掌握分布式系统的开发技能。无论你是 Java 开发经验尚浅的初级读者，还是经验丰富的架构师，都需要掌握分布式系统开发的相关原理与应用。

本书首先从分布式系统的基础理论讲起，然后结合实战案例介绍分布式中间件的相关原理与应用，最后介绍服务持续发布与交付的整个流程。读者通过阅读本书，可以由浅入深地学习分布式系统开发的整个过程。

本书特色

1. 内容丰富，讲解细致

本书详细阐述分布式系统的相关原理与应用，包含当下流行的分布式中间件开发，以及服务治理、服务监控和服务部署等内容，可以帮助读者全面、系统地掌握分布式系统的开发流程。

2. 理论知识与实战案例相结合

本书从企业级开发框架讲起，然后介绍分布式中间件的基本理论，包括 CAP 定理、BASE 理论和一致性协议等。在讲解每一个分布式中间件时，先从原理入手，然后配合实战案例，让读者更容易理解。

3. 图文并茂，生动直观

笔者在讲解的过程中绘制了大量的示意图，用以帮助读者更加直观地理解书中的相关技术原理，从而达到更好的学习效果。

4. 代码丰富，注释详细

本书在讲解过程中给出了大量的实战案例源代码，并对这些代码做了大量的注释与讲解，读者在学习的过程中可以上手练习，也可以稍加修改，将其用于自己的项目中。

本书内容

第1篇　分布式系统基础知识

本篇涵盖第 1～3 章，主要介绍分布式系统的基础理论，以及不同服务之间的调用方式，并结合实战案例介绍分布式系统获取数据的方式。

第 1 章分布式系统理论基础，首先从企业级系统架构演进讲起，然后引入分布式系统架构，重点介绍分布式系统的基本理论知识，包括 CAP 定理、BASE 理论和一致性协议等。

第 2 章分布式系统服务调用，介绍分布式系统服务之间的调用方式，主要包括 RPC 与 HTTP 两种方式，其中重点介绍其调用原理、相关框架与组件。

第 3 章分布式系统数据访问，介绍分布式系统的数据访问技术，其中通过集成 MyBatis-Plus 框架获取 MySQL 数据库中的数据，通过集成 Redis 进行分布式缓存，另外还介绍缓存更新策略与失效问题。

第2篇　分布式系统中间件实战

本篇包括第 4～8 章，重点阐述分布式事务、分布式锁、分布式消息中间件，以及分布式系统服务治理、监控与日志收集等相关技术的原理与应用，让读者理解分布式中间件如何对分布式系统提供保障，并完善分布式系统的相关功能。

第 4 章分布式事务与分布式锁，首先介绍分布式事务的相关知识，主要包括 2PC（二阶段提交）、3PC（三阶段提交）、TCC（补偿事务）和基于消息中间件的事务等，然后介绍分布式锁的相关知识。分布式锁主要解决的是分布式系统下并发场景的问题，在操作共享数据时需要先获取锁，再进行数据处理。

第 5 章分布式消息中间件，主要介绍分布式消息中间件的基本原理与应用案例。常用的分布式消息中间件有 RocketMQ 与 Kafka，它们主要用来进行业务解耦与流量削峰。

第 6 章分布式系统服务治理，主要介绍服务限流与降级、配置中心、服务注册与发现、服务链路追踪和服务网关等，其中重点介绍 Apollo、Nacos 和 Consul 等相关内容。

第 7 章分布式系统监控，首先介绍 Spring Boot 框架提供的监控端点，然后介绍如何通过 Prometheus 组件进行指标采集，最后将 Prometheus 集成到 Grafana 监控看板进行监控。

第 8 章分布式系统日志收集，首先介绍日志框架 Log4j、Logback 和 Log4j2 的配置方式，以及如何通过 Filebeat 和 Logstash 对服务端日志进行收集，然后介绍 Elasticsearch 的相关原理与命令，最后介绍日志可视化组件 Kibana 的安装与查询等相关内容。

第3篇　分布式系统编排与部署

本篇涵盖第 9～11 章，主要介绍分布式系统运维的相关知识，包括云平台的部署、Docker 和 Kubernetes 相关命令的使用，以及 Git、GitLab 和 Jenkins 的相关知识。

第 9 章容器化技术之 Docker，首先介绍从虚拟化到容器化的发展历史，然后介绍 Docker 的基本概念、原理与安装步骤，最后介绍 Docker 的相关命令及 Dockerfile 的编写指令。

第 10 章容器编排引擎 Kubernetes，首先介绍 Kubernetes 的发展历史、架构及重要概念，然后介绍 Pod、Service 和 Ingress 配置编排等，最后介绍 Kubectl 和 Helm 工具的使用等。

第 11 章分布式系统持续集成与交付，首先介绍代码管理工具 Git 的使用，然后介绍如何通过 GitLab 平台进行持续集成，最后介绍如何使用 Jenkins 进行服务部署。

本书读者对象

阅读本书需要读者有一定的 Java 语言开发经验，最好有 Spring Boot 后端服务开发经验。具体而言，本书适合以下读者阅读：
- 有一定编程经验的 Java 后端开发人员；
- 有 Spring Boot 服务开发经验的人员；
- 想从事 Java 微服务开发的程序员；
- 高等院校计算机等相关专业的学生；
- 其他对分布式系统有兴趣的人员。

本书配套资源

本书涉及的源代码等配套资源需要读者自行获取。请搜索并关注微信公众号"方大卓越"，然后回复"1"，即可获取下载地址。

意见反馈

由于编者水平所限，书中可能还存在一些疏漏和不足之处，敬请各位读者批评与指正。您在阅读本书时若有疑问，可以发送电子邮件到 bookservice2008@163.com 以获得帮助。

致谢

感谢工作中遇到的领导和同事，他们对我提供了大量的帮助！

感谢参与本书出版的相关编辑，他们在本书出版的过程中做了大量的工作，没有他们的辛苦和努力，就不可能有本书的面市！

感谢家人，他们在笔者写作过程中给予了大量的理解与支持，在笔者写作的无数个日日夜夜，家人为我解决了后顾之忧，让我得以安心写作！

解承凯

|目录|

第1篇　分布式系统基础知识

第 2 篇　分布式系统中间件实战

第 3 篇　分布式系统编排与部署

第1篇
分布式系统基础知识

第 1 章　分布式系统理论基础

分布式系统架构其实是互联网技术发展到一定程度的产物，它并不是一开始就存在的。随着互联网公司业务的发展，用户的规模成指数级增长，旧的互联网系统架构模式已经不能满足业务需求，新的技术架构就这样诞生了。在互联网刚刚出现的时候，带宽和硬件都是很昂贵的，上网用户也非常少，那时一个网页、一个单体应用就可以满足需求。但是近一二十年，随着经济与技术的发展，千兆带宽已经是普通家庭的标配了，几千块钱就能配置一台高性能的计算机。当带宽和硬件变得非常廉价后，上网用户也就越来越多，尤其是 4G 和 5G 的发展让用户能随时随地上网，而 PC 端、移动端、TV 端和 VR 等多端应用对后台服务架构提出了新的挑战。后台服务器端不再是一个应用打天下了，而是需要成千上万个服务协同工作，共同支撑业务的发展。后端服务应用也经历了从单体架构到集群架构、微服务架构和无服务架构的演变。

分布式系统架构涉及分布式存储、分布式消息、分布式计算等多种复杂的技术，而且还要进行分布式应用的维护治理。分布式应用架构对开发人员和运维人员提出了不小的挑战。例如，如何均衡地把流量转发到后端应用，如何提高后端应用的吞吐量，如何低延迟地响应用户请求，如何提高应用的可用性，如何提高应用的可靠性，如何收集分布在多个机器上的应用日志，如何让后端应用做到持续集成与持续交付，这些问题都需要开发人员进行全面的考虑。

本章作为全书的开篇章节，主要讲解分布式系统架构的演进及其相关术语和特点，另外还会讲解分布式系统架构的相关理论基础。

1.1　企业级系统架构的演进

本章开篇讲到，分布式系统架构并不是平白无故就出现的，它不是一开始就设计得非常完善，也不是一开始就拥有高可用、高可靠、高吞吐和低延迟的特性，而是随着用户的增加和业务的发展逐步演进完善而来的。在《淘宝技术这十年》中，作者就全面描述了淘宝从成立之初到成立近十年间，淘宝整个平台架构的发展历程。整个淘宝平台最初是单体应用 LAMP（Linux+Apache+MySQL+PHP）架构，伴随着业务的快速发展而进行了架构拆解，到现在淘宝已经从当初的单体应用拆分成上万个应用，这些应用共同支撑着淘宝的业务。虽然现在分布式系统架构已经是主流，但是本节还是先从后端系统架构的发展历程讲起。

1.1.1　单体架构

笔者刚毕业时进入的第一家公司的主要业务是为政府部门开发税务系统,当时的整个系统架构由 Java Servlet、JSP 页面、Oracle 数据库组成,应用被打包成 WAR,然后采用 Weblogic 部署到服务器上。整个系统按税收业务划分为几十个查询模块,所有的开发人员都在同一个项目上开发,然后提交代码到 SVN,最终由运维人员统一进行部署和发布。可以看出,该系统就是一个很典型的单体架构应用。经典的企业级应用是 MVC 模型(Model层、View 层、Controller 层),也可以说是视图展示层、业务控制层和数据访问层三层模型。单体架构通常会把这三层代码放到一个项目工程中,然后打包并部署在一台服务器上。基于以上论述,这里给单体应用下一个定义:

单体应用是将视图展示层、业务控制层和数据访问层整合到一个工程中,然后编译、打包、部署在一台服务器上,启动后所有功能单元运行在一个进程中的应用。

下面通过一个电商应用架构的演进来介绍不同架构的设计。图 1.1 表示的是一个单体应用架构,这个应用包含用户模块、商品模块、订单模块三个模块。

在互联网发展的早期,单体架构非常流行,即便在当下,单体架构也还是存在的。它有其自身的特点:

- 开发快速:单体架构设计比较简单,开发人员可以从前端页面到后台服务快速开发出一个应用。
- 测试方便:单体应用不依赖其他服务,在本地启动即可调试代码。
- 部署简单:单体应用会把文件都打成一个包,部署在 Tomcat 等 Web 服务器上,后续运维也比较容易。
- 易于管理:因为前端页面和后端代码都放在一个工程中,所以代码管理比较方便。

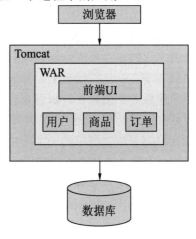

图 1.1　单体应用架构

随着互联网用户的增加,以及业务场景越来越复杂,单体架构应用开始逐渐暴露出以下缺点:

- 复杂度变高:单体应用在业务发展到一定程度的时候,其复杂度开始变高,页面和后台代码变多,整个应用变得越来越臃肿,越来越难以维护。
- 技术升级成本高:单体架构将多种技术整合在一个应用里,当升级某一部分技术时,有可能牵一发而动全身,发生意想不到的事情。例如,依赖的某些工具包版本冲突造成某些功能不能使用。
- 持续部署能力差:单体应用涉及多个开发人员协作开发,一般需要等全部开发人员都提交代码后再部署,而且线上一旦出现问题,就需要全量回滚。

- 资源无法单独隔离：单体应用中的某一个功能出现问题有可能引发整个应用系统的崩溃。
- 代码可读性差：随着业务复杂度的增加和代码的堆叠，整个代码的可读性变差，很多新加入的开发人员阅读代码的成本会很高。
- 系统性能下降：随着功能模块的增加，部署应用启动会变慢，复杂的业务会使得服务的响应速度下降。
- 测试成本增加：当修改某一个功能点时，需要做全面的集成测试，测试人员的测试成本提高。
- 扩展性差：对功能的扩展只能是整个应用的扩展，而不能按某个功能点扩展。

虽然单体应用缺点很多，但是现在依然是最基础的架构，在需要开发一些后台工具的时候，单体架构仍然是一个首选方案。

1.1.2　集群架构

随着用户数量的增多，后端服务的请求量相应会增加。单机架构的应用并发处理能力是有上限的，当系统达到瓶颈时，请求处理响应越来越慢，请求被阻塞，最终会导致整个系统崩溃。在这种情况下，开发人员首先想到的是升级服务器的内存和 CPU 等配置，但是单个服务器的硬件升级也是有上限的。当硬件升级达到极限时仍然解决不了问题，这个时候集群架构就出现了。集群架构就是通过水平扩展机器数量，将应用复制到多个机器上，每个机器组成集群中的一个节点，每个节点可以提供相同的服务，所有的节点就组成一个集群。集群架构相当于把请求分散地转发到多个节点上，其整体处理能力将得到极大的提升。同样，这里给集群架构下个定义：

集群架构是由一系列硬件与软件组成的计算机系统，该系统通过负载均衡分散地转发请求到单个节点上，单个节点对外提供相同的处理能力，该架构可以水平地扩展机器，从而提升服务处理能力。

集群架构是在单机架构遇到瓶颈后出现的一种解决方案，它相对于单体架构有其自身优点：

- 性能提升：因为集群架构通过水平扩展，使多个服务器协同合作处理用户的请求，这对于单个服务器来说性能会提升多倍。
- 可扩展性：当集群服务器性能不足以应对增多的请求时，完全可以通过扩展服务器节点的方法来对集群系统进行提升，在扩展过程中不用停机，系统依然能够处理用户的请求。当不需要太多服务器时，可以直接撤掉多余的服务器，总之集群架构变得更加灵活。集群系统中的节点服务器数目可以增加到几千甚至上万个，通过负载均衡的方式把请求调度到各台服务器上。
- 高可用性：在集群架构系统中，多台服务器可以做冗余处理，当集群系统中的某一台服务器出现故障时，可以直接下线这台服务器，而将请求调度到其他服务器上，这样可以保证集群系统不间断地提供服务，从而提高服务可用性。

集群架构如图 1.2 所示。

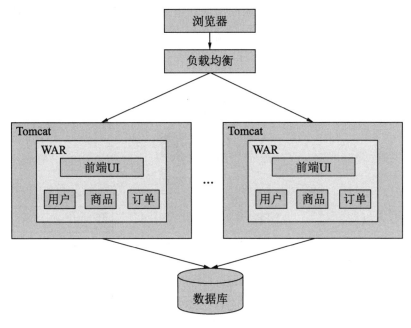

图 1.2　集群架构

集群架构虽然有很多优点，但是同样没有解决单体架构的一些缺点，比如单机的性能没有得到显著提升，单个服务器的处理能力没有改变，单体应用的复杂度没有简化，扩展度也没有提升。

1.1.3　分布式架构

从单体架构到分布式架构演进的过程中，还有一种架构——面向服务的架构（Service-Oriented Architecture，SOA）。面向服务的架构系统的核心就是抽取常用的服务，提供对外接口以供内部系统或外部系统调用。面向服务的架构的出发点是为了服务的共享和重用。现在国内流行的服务中台其实也是一种面向服务的架构的延伸。前面讲到，不管是单体架构还是集群架构都存在许多缺陷，例如，一个很小的功能更新就需要全系统级别的升级部署。在单体架构系统中，某一功能响应缓慢也许就会拖垮整个应用系统，而长期的需求迭代会导致整个系统变得非常臃肿。面向服务的架构并不能解决这些缺陷，最终催生出分布式系统架构。

在 *Distributed Systems Principles and Paradigms* 一书中给出了分布式系统的定义：A distributed system is a collection of independent computers that appears to its users as a single coherent system（分布式系统是一组独立的计算机集合，但在用户看来是一个单一的连贯

系统）。简单来说，分布式系统架构是由一组通过计算机网络进行通信，共同完成同一个任务而协同工作的服务器节点组成的系统。每个计算机节点同时运行，单个机器的故障不影响整个系统的运行。分布式系统架构的出现让多台廉价的机器完成复杂的计算、进行大数据的存储等任务变成可能。

在分布式系统架构中，每个节点维护一个功能。一个电商平台应用的分布式系统架构如图 1.3 所示。

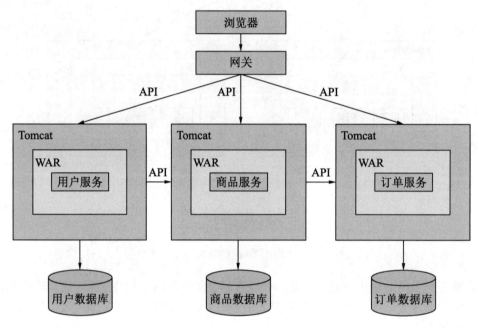

图 1.3　一个电商平台的分布式系统架构

分布式架构系统的主要目的是业务解耦，按功能类型进行拆分，形成多个功能节点。这样做有如下好处：

- 模块化：分布式架构提倡对业务进行垂直拆分，最终将业务拆分成多个模块，多业务模块可以提高重用性。
- 高可用：臃肿的业务被拆分后，系统不会再因为某个功能响应缓慢而拖垮整个应用，分布式架构系统的某个节点不可用后，可以采用熔断降级等处理措施以提高应用的可用性。
- 提高开发效率：业务系统经过拆分之后，每个开发人员负责一个功能模块，并行开发上线部署，可以提高团队的协作效率。
- 高扩展性：当有新业务功能时，可以单独开发一个模块，不用在旧系统上进行集成，提高系统的可扩展能力。
- 可伸缩性：根据每个模块的处理能力进行多样部署，同样可以通过增加或减少模块来对功能进行伸缩和扩展。

基于分布式架构的系统拆分成多个模块同样会带来设计的复杂度提高，所以分布式架构系统涉及的技术点更多，难度更大，学习曲线更陡峭。分布式架构主要面临如下挑战：

- 远程调用：分布式架构通过解耦将系统拆分成多个模块或子系统，模块或子系统之间的调用需要通过网络通信，所以网络之间的延迟与通信是分布式架构设计需要重点关注的问题。
- 数据一致性：分布式系统常常伴随着分布式存储系统，多模块并行处理可能会造成数据不一致的问题。
- 服务问题定位：分布式系统依赖多个模块，模块之间相互调用关系复杂，当线上出现问题时，问题的定位就会变得更加复杂。
- 服务治理：采用单体架构时，代码管理与部署都集成在一块，当采用分布式架构时，代码变得分散，服务治理需要统筹全局来考虑。
- 服务测试与监控：分布式系统测试难度提高，服务日志的收集和服务质量的监控都变得更加复杂。

1.1.4　无服务架构

无服务架构（Serverless），就是在不需要管理服务器等底层资源的情况下完成应用的开发和运行。Serverless 是随着云计算的广泛应用演变而来的，云服务提供商（亚马逊、谷歌、阿里巴巴等）动态管理服务器资源的分配，开发者再也不用过多考虑服务器的问题。无服务架构通常分为 BaaS（Backend as a Service，后端即服务）和 FaaS（Functions as a Service，函数即服务）两种技术。无服务架构可以简单地理解为 Serverless = FaaS + BaaS。一个完整的 Serverless 应用一般由 FaaS 层的云函数负责无状态计算，然后由 BaaS 层组件负责状态的维护。FaaS 将函数代码托管给云服务提供商，以服务形式运行，支持事件触发。BaaS 指云平台提供的后端云服务，如数据库、消息队列等服务。无服务架构如图 1.4 所示。

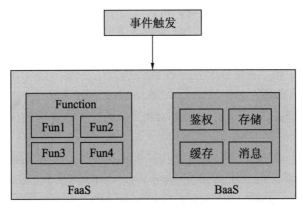

图 1.4　无服务架构

无服务架构的优点如下：

- 降低开发成本：因为云服务厂商已经提供了服务相关的基础设施，而且可以按次收费，所以可以大大降低机器成本。
- 降低维护成本：因为数据库和消息队列等基础服务都由云厂商维护，所以可以降低团队的维护成本。
- 快速上线：开发人员只需聚焦业务开发，开发周期大大缩短，从而可以快速上线。
- 弹性扩容：机器可以按照业务需求做到弹性伸缩。

无服务架构也有如下缺点：

- 冷启动：启动需要一定时间，所以响应有一定的延迟。
- 调试难：缺乏调式和开发工具，排查问题困难。
- 迁移不友好：云厂商提供自己特有的 API 或者函数，而无法直接迁移到其他平台上。

1.2　分布式系统概述

根据《2020 年中国互联网发展趋势报告》，中国互联网用户数量已达 10.8 亿。在大数据时代，用户每天使用各种互联网产品，这会产生大量的数据日志，为了解决大数据的存储和计算问题，分布式系统逐渐成为大型互联网业务架构选型的主流方式。分布式架构系统同样带来新的技术挑战：如何将数据分片存储到多个机器上，如何做到数据的一致性，如何使用分布式事务与分布式锁，分布式系统如何治理，这些问题都需要新的解决方案。后面的章节会通过讲解不同的组件一一解决这些问题，并逐步深入讲解分布式架构。

1.2.1　分布式系统的相关术语

分布式系统的本质是分布在多个机器上的服务节点共同完成一个任务或一次请求。分布式架构的目的就是将业务拆分与解耦，将功能分散处理，将服务分开部署。不仅业务需要拆分，数据存储也需要考虑拆分，当一个数据表中存储的数据达到千万级规模的时候，就应该考虑水平切分或垂直切分进行分表，当数据库存储容量达到极限的时候还需要考虑分库。说到分布式系统，最有名的就是谷歌公司的"三驾马车"：GFS、MapReduce 和 BigTable。谷歌公司内部通过分布式文件系统、分布式存储来解决大数据计算与存储问题。分布式系统从诞生以来就是为了解决业务场景复杂、数据量庞大的应用场景。

分布式系统涉及许多内容，下面介绍几个与分布式相关的术语：

- 数据同步：单一数据库既提供读操作又提供写操作，当请求量大的时候，数据库的频繁操作会导致系统的压力骤增，传导到接口的响应变慢。将数据库进行读写分离，提供一个从库，它同步主库数据，只提供读操作，主库处理写操作，这样可以大大降低数据库的压力，从而提高系统的性能。

- 数据分片：分布式系统常常伴随着分布式存储系统，分布式存储通常会把数据先进行分片，然后再存储。
- 数据冗余：当对数据进行分片以后，每个节点都会保存一部分数据，所有节点加起来组成完整的数据集。当某个节点出现故障时，则无法访问该部分数据或者这些数据丢失。为了提高数据的可用性与可靠性，需要给数据增加备份，即增加备用节点，此节点为数据提供备份，当主节点出现故障时切换到备份节点。
- 数据一致性：当数据需要备份时，从节点需要同步主节点的数据，由于网络延迟或其他问题会造成数据不一致性的问题。在分布式系统中，根据一致性的特性可以将其分为强一致性和最终一致性。
- 异步处理：分布式系统分散部署在各个节点上，各节点之间相互调用，一般可以采用同步处理请求，也可以通过消息中间件进行异步处理。消息中间件很多，如 RocketMQ 与 Kafka 等。通过分布式消息中间件可以做到业务解耦。
- 分布式协同服务：分布式协同服务是分布式系统中不可缺少的组件，它通常担任协调者的角色，如 Leader 选举、负载均衡、服务发现、分布式事务和分布式锁等。

1.2.2　分布式中间件简介

当前互联网应用需要具备高吞吐、高并发、低延迟、高可用等特性。针对分布式架构设计，诞生了很多优秀的分布式中间件，开发这些中间件是为了解决分布式系统存在的一些问题。实现基于 Redis 的分布式缓存、基于 Seata 的分布式事务、基于 Redisson 的分布式锁和基于 RocketMQ 的分布式消息等。各大云服务厂商更是基于云平台推出各种“云中间件”。分布式中间件是开发人员学习分布式架构的重中之重，通过中间件的设计原理可以深入理解分布式系统的设计规则。同时，作为一个以 Java 编程语言为主的开发人员，如果想要从一个普通的后端开发工程师晋升为架构师，分布式系统中的各个中间件也是必须掌握的知识。

一个完善的分布式系统应用离不开大量的分布式中间件。分布式中间件抽取了与业务无关但重复度高的中间层，配合业务代码完成业务逻辑的处理。下面重点介绍一些常用的分布式中间件。

1. 分布式服务网关

分布式架构把臃肿的应用服务拆分为多个服务进行统一管理。在通常情况下，一个分布式应用会有多个子服务提供多个接口，不同子服务配置不同的域名，但是这样容易让客户端调用变得复杂。分布式服务网关可以对多个子服务接口进行管理，对客户端访问提供统一的服务入口，客户端只需要知道服务网关的存在即可。同时分布式服务网关还可以提供缓存、鉴权、限流、降级和路由等功能。简而言之，分布式服务网关可以为客户端提供统一的访问入口，并在网关层做一些非业务的逻辑处理功能。

分布式服务网关的核心要点在于将所有的客户端访问都通过统一入口接入分布式应用服务。在通常情况下，网关可以提供各种协议的服务。常用的服务网关架构如图 1.5 所示。

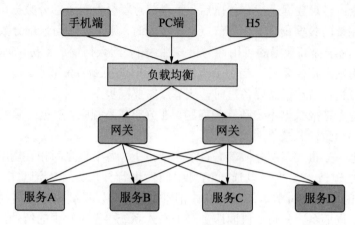

图 1.5   常用的服务网关架构

当前常见的分布式服务网关主要有基于 OpenResty 的 Kong、Netflix 开源的 Zuul 和 Spring Cloud 出品的 Spring Cloud Gateway 等。服务网关通常可以定制与扩展，其主要包含以下功能：

- 动态路由：根据客户端的请求地址，网关可以把请求动态地路由到对应的服务上去，如果服务不可用，则会有重试机制。
- 流量限制：服务网关可以根据服务能够提供的最大处理能力限制流量，防止服务受到突增流量的冲击。
- 熔断降级：当某些服务不可用时，服务网关可以针对请求进行服务降级或熔断处理。
- 接口缓存：对访问频繁但返回结果变更不频繁的接口进行返回结果缓存，从而提高响应速度。
- 负载均衡：对多个子服务接口请求进行负载均衡处理，从而将客户端流量均衡地路由到各个实例上。
- 统一鉴权：服务网关对客户端提供统一的鉴权服务，以针对用户进行权限身份认证和授权等，从而防止接口被非法调用。
- 系统监控：对全局系统进行监控，例如对接口 QPS 和响应时间等指标进行监控。
- 灰度发布：当上线新功能时对部署的新服务提供少量流量，而大部分流量请求还是请求老版本服务，从而做到灰度发布。
- 全链路追踪：分布式系统涉及多个服务之间的调用，因此提供全链路调用分析系统应该在网关层就开始。
- 协议转换：网关提供不同服务的协议（HTTP、RPC 等协议）转换。

综上所述，分布式系统的服务网关可以做的事情很多，它是分布式系统中的重要一环，也是分布式系统健壮的重要保障。

2．服务注册与发现

在单体架构或集群架构中，服务数量规模可控，可以通过静态文件的配置方式获取服务配置信息。但是如果采用分布式架构，则服务分布在多个节点上，服务实例的数量与服务地址时常变化，所以有一个能管理服务动态注册与服务发现的中间件显得尤为重要。分布式系统中多个服务之间依赖的链路复杂，通过提供一个服务注册中心，各个服务实例注册到服务注册中心，然后通过访问服务发现组件来获取服务实例，再进行服务调用。这样，客户端和真实的服务进行解耦，通过服务发现组件来完成服务的查询。

服务实例启动后会自动注册到注册中心，注册中心维护所有实例列表用于服务发现。服务发现可以分为客户端模式与服务端模式两种。客户端模式首先调用服务注册中心获取服务实例列表，然后在客户端进行服务调用。服务端模式则直接向服务注册中心请求，服务注册中心直接调用服务实例然后返回结果。

常见的服务注册与服务发现架构如图 1.6 所示。

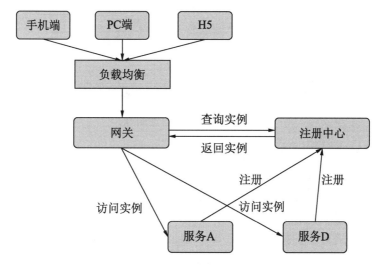

图 1.6　常见的服务注册与服务发现架构

在分布式系统中，服务注册与服务发现组件主要实现以下两个功能：

- 服务注册：各服务实例将自身的服务元数据信息注册到注册中心。元数据服务信息包括服务所在主机的地址与端口，以及服务自身状态和访问协议等。
- 服务发现：通过服务发现获取要调用的服务元数据信息，然后通过这些服务元数据信息请求真实的服务。

除此之外，服务注册与服务发现组件还提供对服务实例的监控功能。通过监控，当服务实例发生故障时，注册中心需要摘除这些故障的服务实例。一般来说，服务实例与注册中心在注册后通过心跳检测的方式维持联系，一旦心跳检测失败，对应的服务实例就会被注册中心剔除。常用的服务注册组件包括 Netflix 公司开源的 Eureka、HashiCorp 公司推出的 Consul 和阿里巴巴集团的 Nacos 等。

3．分布式服务配置中心

通常，应用程序在启动或运行的时候需要加载一些配置信息，例如一些数据库连接信息、Redis 连接信息、RocketMQ 配置信息和一些静态变量等。对于单机应用来说，可以采用加载*.yml 或*.properties 类型的配置文件的方式获取配置信息。当然在不同环境（开发、测试和生产等）下通常会配置不同的配置文件。当配置发生变化时，开发人员只需重新修改配置文件，然后重新编译打包并部署来完成服务更新。单体服务配置架构如图 1.7 所示。

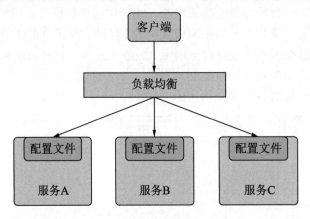

图 1.7　单体服务配置架构

对于分布式系统来说，服务被拆分成多个，每个服务分别被部署在不同机房，而且每个服务的配置也不尽相同，如果再采用配置文件的方式，则配置变更会变得非常复杂。有时需要动态修改配置使其实时生效，并且需要将配置快速批量下发到成百上千台机器上。这就需要有一个配置中心来统一管理配置信息，它可以区分不同的环境、集群和服务的配置信息，并可以做到动态下发且实时生效，同时还可以支持灰度发布和版本回滚等功能。

分布式配置中心是分布式系统不可或缺的组件之一。通过抽离复杂的配置操作到配置中心，开发人员只需关注业务代码的实现，这样就能够显著提升开发和运维的效率。配置和发布的解耦也能进一步提升发布的成功率，并为运维的细粒度管控和应急处理等提供强有力的支撑。分布式配置中心架构如图 1.8 所示。

当前开源的配置中心组件主要有 Apollo、Spring Cloud Config 和 Nacos 等。Apollo 是携程公司开源的一款分布式配置管理中心。Spring Cloud Config 是 Spring Cloud 家族的一个开源组件。Nacos 是阿里巴巴集团开源的一款配置中心组件。

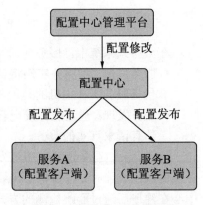

图 1.8　分布式配置中心架构

4. 分布式缓存

在通常情况下，分布式系统用以处理高并发问题，用户请求量非常大，而且请求最终需要对数据库操作进行处理。关系型数据库的处理能力通常是有极限的，当超过处理极限时会出现问题，例如连接打满、读写操作会非常耗时，最严重的情况是导致数据库宕机。分布式缓存是位于接口服务与数据库之间的一个中间层组件，可以阻挡大部分的请求直接穿透到数据库的底层。分布式缓存可以命中大部分请求，只有少量请求会穿透到数据库的底层。分布式缓存系统通常是基于内存进行存储的，其读写操作和响应时间都远超数据库，所以在高并发的分布式系统中，分布式缓存是必不可少的一项。

缓存一些经过复杂计算或者非常耗时得到的结果，可以降低后端系统的负载，让系统运行在一个相对可靠的环境中。分布式缓存架构如图 1.9 所示。

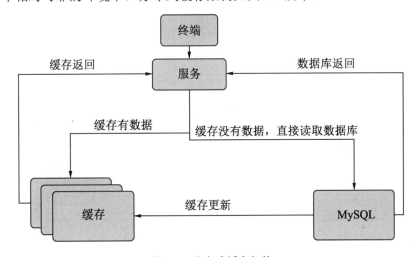

图 1.9　分布式缓存架构

当分布式缓存存储不了时，会进行缓存失效操作。缓存失效的情况有三种：FIFO（First Input First Output，先进先出）、LRU（Least Recently Used，最近最少使用）、LFU（Least Frequently Used，最不常使用）。也可以通过主动设置的方式设置缓存失效，例如给缓存数据手动设置过期时间，或当数据有更新时主动更新缓存。

引入分布式缓存的同时也会引入一些问题，例如缓存穿透、缓存击穿和缓存雪崩等问题。所以在设计分布式系统时需要同时考虑这些问题，根据不同的使用场景采取不同的方案。常用的分布式缓存系统主要有 Redis 和 CouchBase 等。

5. 分布式数据库

分布式缓存是以内存为介质存储数据的，分布式数据库则是持久化存储数据的，最终会将数据存储到磁盘。随着互联网的飞速发展，用户每天会产生大量数据，数据存储的量级往往会达到 TB 级甚至 PB 级，系统的集中式关系型数据库已经不能满足存储的需求。传统的单机数据库在可扩展性方面也不再适用，而且大数据量的查询与写入会导致系统不稳定。为了提升分布式系统的性能与可靠性，集中式数据库逐渐向分布式数据库发展。分布式数据库将数据分布在多个节点上进行存储，通过中间件提供数据查询与写入操作。

数据库的发展经历了从 SQL 到 NoSQL 再到 NewSQL 的过程。关系型数据库主要有 MySQL、Oracle 和 PostgreSQL 等。NoSQL 类型的非关系型数据库主要有 Redis、MongoDB 和 HBase 等。NewSQL 数据库主要有 TiDB 和 OceanBase 等。常用的分布式数据库架构如图 1.10 所示。

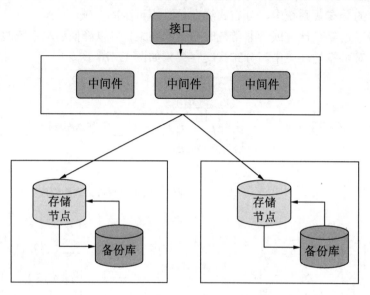

图 1.10　常用的分布式数据库架构

6. 分布式文件系统

自 2013 年互联网"大数据元年"以来，互联网迎来了数据大爆发，互联网用户每天产生大量的图片和视频等文件，之前的架构采用单机存储数据，通过垂直扩展的方式已经不能满足业务的发展。从横向扩展的分布式文件系统（Distributed File System，DFS）越来越成熟，成为存储文件的主流架构。分布式文件系统通过网络在多台廉价主机上存储文件。提到分布式文件系统，最著名的是谷歌公司的 GFS（Google File System），它是为了存储海量搜索数据而设计的专用文件系统，对后来的分布式系统设计具有指导意义。

分布式系统文件具有高内聚性和透明性，内聚指节点高度自治，透明指数据对用户操作是透明的，用户无须关注数据在哪个节点上。分布式文件系统存储在廉价的主机上，还需要保持可容错性，当某一个节点出现故障时不会对整个系统造成影响。

常见的分布式文件系统有 HDFS、Ceph、TFS 和 FastDFS 等。不同的文件系统适用于不同的场景，例如 HDFS 适合大数据文件，而 FastDFS 适用于小文件的存储。

7．分布式消息

分布式消息中间件可以让消息在分布式系统中的各服务间传递，通过消息来解耦分布式系统的业务，它也是扩展进程之间通信的一种方式。分布式消息系统包括消息生产、消息存储和消息消费等。分布式消息主要有以下几个特征：

- 业务解耦：通过分布式消息将两个业务关联性不大的系统进行解耦。
- 流量削峰：当上下游系统处理能力不同时，可以通过分布式消息中间件隔离两个系统，然后单独处理，相互不影响。
- 异步处理：一些不需要实时处理的业务可以通过分布式消息的异步机制进行处理。
- 灵活扩展：可以根据消息消费的速率灵活扩展消费程序。
- 数据有序：分布式消息中间件被保存在消息队列里，可以保证数据在消费时有序地被消费。
- 消息持久化：为了保证数据不丢失，需要对消息进行持久化处理，同时对节点做数据备份。

分布式消息中间件架构如图 1.11 所示。

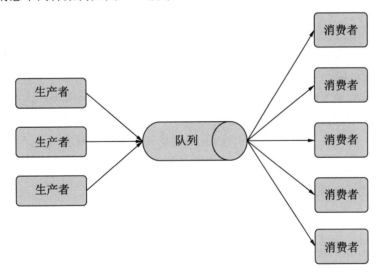

图 1.11　分布式消息中间件架构

分布式消息中间件可以分为两种模式：一种是点对点模式，即一条消息只会被一个订阅者消费；另一种是一对多模式，通过广播模式，一条消息可以被多个订阅者消费。常用的分布式消息中间件主要有 ActiveMQ、RocketMQ、RabbitMQ 和 Kafka 等。

8．分布式锁

对于单个实例而言，Java 应用程序运行在 JVM 上，而对于某个共享变量的多线程控制程序来说，可以使用 JDK 自带的并发包 API 进行处理。但是在分布式环境下，因为系统分布在多个机器上，处于多个进程中，所以 JDK 自带的并发包锁机制会失效。可以用跨 JVM 的互斥机制来控制共享资源的访问，这属于分布式锁的范畴。分布式锁的设计需要满足以下几个条件：

- 在分布式环境下，同一时间锁只能被一个进程获取。
- 高性能地获取锁或释放锁。
- 锁具有失效特性，以防止造成死锁。
- 锁具有重入特性。

常见的分布式锁有基于 Redisson 实现的分布式锁、基于 Zookeeper 实现的分布式锁和基于数据库实现的分布式锁等。

9．分布式事务

提到事务，通常指关系型数据库的事务处理，它主要靠关系型数据库来控制事务，它也称为本地事务。关系型数据库事务一般有 4 个特性，即原子性（Atomic）、一致性（Consistency）、隔离性（Isolation）和持久性（Durability），也就是常说的 ACID 特性。

随着数据的增多和分布式应用的出现，某一个请求需要多个服务之间远程协作才能完成，而且多个服务操作需要保证全局的事务一致。这种由不同服务之间通过网络协作完成的事务称为分布式事务。分布式事务用于多种场景，例如多个服务操作完成一个事务，或某个服务访问多个数据库而产生事务操作。

分布式事务的实现是比较复杂的，而且不同场景对事务的要求不同，解决方案通常有两阶段提交（2PC）、三阶段提交（3PC）、事务补偿（TCC）和基于消息的分布式事务等。

10．分布式任务调度

在系统开发中，有一类应用专门用于负责任务的处理，例如在某些特定的时刻对用户推送一些消息等。任务调度就是指基于某个给定的时间点或时间间隔后自动执行某个任务。任务调度包括任务执行的次数、执行时间、调度规则和运行状态等。
分布式任务调度就是指在分布式环境下进行任务调度，通常包含两种场景：

- 任务程序有多个备份，执行时只启动一个机器上的任务程序进行处理。
- 将定时任务通过某种策略拆分成多片子任务，从而在多个机器上并行执行。

分布式任务调度如图 1.12 所示。

一个优秀的分布式任务调度框架对于项目的整体性能来说显得尤为重要。常用的分布式任务调度框架有 Elastic-Job 和 XXL-JOB 等。

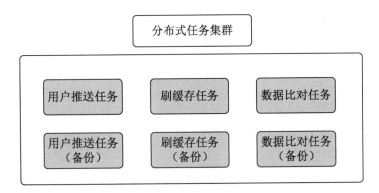

图 1.12　分布式任务调度

1.2.3　分布式系统服务治理简介

分布式系统对单体应用按业务进行细粒度拆分,将单个服务拆分成多个服务。分布式系统带来了很多好处,同时也提出了很多挑战。随着业务的发展,拆分出来的服务也会变得越来越多,服务数量不断在膨胀,例如阿里巴巴集团内部的服务已经达到上万个,服务之间的依赖与调用就会变得非常复杂。如果把一个分布式系统当作一个城市的话,那么每个服务就是城市里的一个地点,每个地点由道路连接,每个服务之间的调用链条就像城市中的一条条道路,服务之间的调用繁杂不畅,就像城市道路杂乱无章,城市也变得拥堵不堪,所以分布式系统中的服务治理就像城市道路治理一样重要。城市道路的红绿灯可以起到限流的作用,服务治理也会涉及限流。城市道路上的摄像头可以监控车辆行驶过程中不规范的行为。同样,服务也需要监控系统监控服务的运行状态。综上所述,服务治理在分布式系统中的重要性不可或缺,缺乏服务治理的分布式系统是不可靠的。分布式服务治理涉及限流、熔断、降级、监控、链路追踪、日志收集、集成与部署等方面。分布式系统服务治理涉及的几个重要问题如图 1.13 所示。

早在 2014 年,微服务的概念便横空出世,微服务架构由一系列单一职责的应用程序构成,它是分布式系统现在主流的架构方式。后面章节提到的分布式应用也特指微服务应用。本节介绍一些与服务治理相关的内容。

1.　服务限流

在生产环境部署应用后,在单个服务器资源不变的情况下,应用所能提供的处理能力是有极限的。用户对应用的请求访问是不可控的,例如当某个明星有突发事件的时候,会导致某博热搜崩溃;当某个电视剧迎来大结局的时候,大量用户访问会导致某视频网站打不开;"双十一"大促时,大量用户参与秒杀活动,会导致某件商品详情页挂掉。从这些场景可以看到,如果不对服务的访问实行限流措施,则服务器很可能被突发流量拖垮。分布式架构通常由多个服务组成,服务之间相互依赖,当某一个服务处理大量请求变得繁忙时，响应变慢就会造成其他服务延迟，最终可能导致整个系统发生崩溃。

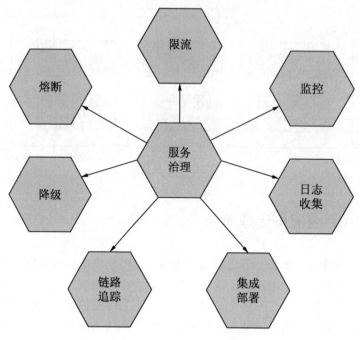

图 1.13　分布式服务治理

　　单纯地扩展服务实例并不能从根本上解决突发大流量请求问题，服务限流可以限制某个客户端的访问，也可以限制某个接口的访问，通过牺牲少部分流量来达到系统的稳定可用。服务限流可以对流量进行整形，当访问流量达到一定的速率时，服务可以直接拒绝访问、排队等待或进行降级处理。服务限流主要包括两种方式：限制并发数和访问速率。限制并发数可以通过限制连接池的最大连接数量实现；限制访问速率可以通过设置 QPS 的访问规则实现。在应对"双十一"大促这种电商活动时，通常会提前演练流量暴涨的场景，然后设置限流措施，以保证系统平稳。

　　服务限流算法包括漏桶算法、令牌桶算法、固定窗口算法、滑动窗口算法和分布式限流算法等。常见的限流组件包括 Guava 包的限流器、阿里巴巴集团推出的 Sentinel 组件和 Netflix 公司推出的 Hystrix 组件等。

2．服务降级

　　当服务进行限流后，如果直接返回错误状态，有可能影响用户的使用体验。为了保证用户体验，不因流量暴增导致报错，通常会采用降级措施。

　　服务降级指当服务自身出现异常或对某些资源进行保护时，主动关闭某些服务功能。对于服务降级来说，可以直接在接口返回时设置某些固定返回值，或者返回某些提前预设的缓存数据。例如某个商品的详情数据、电视剧的详情数据等，这些数据通常变化不大，直接预存在缓存中，当服务发生降级时，可以直接返回预存数据，对服务整体来说影响不大。

3．服务熔断

服务限流和降级是被调用者做出的处理，而服务熔断是调用者本身所做的处理。举个例子，当服务 A 调用服务 B 时，服务 B 的响应大大超时，或者返回出现异常，则服务 A 主动触发熔断，暂停对服务 B 的请求。当服务发生熔断时，就可以进行服务降级操作，比如返回预定义的缓存数据或者默认数据等。所以，当服务进行限流时可以使用服务降级，同样当服务熔断时也可以采用服务降级措施。

当服务 A 熔断一段时间后，断路器会再次试图访问服务 B，如果此时服务 B 已经恢复正常，则熔断开关被关闭，变为正常请求。要触发熔断，需要设置一些触发条件，例如失败次数和超时次数等，达到阈值时就会开启熔断。当下常用的服务熔断组件主要有 Hystrix、Resilience4j 等。

4．服务链路追踪

分布式架构应用以微服务方式开发，大多是服务数量多，服务之间依赖复杂，以分布式部署为主。服务应用由不同团队开发和维护，开发语言不同，且部署在不同机房或不同机器上，跨多个数据中心。服务之间调用链路长且复杂，当其中某一个服务发生问题时，会导致整个集群调用失败。当问题被定位时，不能快速定位是哪个服务节点出现问题，这时候需要多个团队进行定位，排查时间就会非常长，效率非常低。如果有一个全链路的调用系统，则定位问题就变得非常容易。

全链路追踪系统可以用来分析全链路中每个服务节点的性能，还可以监控系统并提供报警信息，追踪横跨不同应用、不同服务器之间的调用关系。它的出现就是为了在故障发生时能够快速定位问题和解决问题。全链路追踪系统可以发现系统中的性能瓶颈，从而辅助优化系统去解决。全链路追踪系统通过在程序中埋点的方式串起整个调用链，并且将其呈现出来，比较直观地展现分布式系统的拓扑关系。

最出名的全链路追踪系统是谷歌公司的 Dapper 系统。Twitter 公司的 Zipkin 系统、韩国的搜索公司的 Naver 系统都是基于 Dapper 原理设计的。Skywalking 是国内开源的一款调用链追踪系统。

5．服务监控

一个安全可靠的分布式系统，监控系统是必不可少的，因为开发者不可能实时登录服务器查询服务是否健康。监控系统包括对服务器硬件的相关监控，如对内存、CPU 和磁盘的监控，还有对业务系统的监控，如 QPS、状态码和接口响应时间等。通过可视化组件，完整地呈现分布式系统的整体运行状况。一个完善的监控系统还需要有报警环节，通过制定相关规则，当达到报警阈值时自动触发报警通知，以短信、电话或其他方式通知运维人员。

在 Java 开发框架里，Spring Boot Actuator 通过暴露 HTTP Endpoints 的方式监控 Spring Boot 应用，如对服务进行审计、健康检查、指标统计和 HTTP 追踪等。Spring Boot Actuator 同时还提供与第三方监控系统 Prometheus 的整合。完善的监控系统使业务系统更健壮。Prometheus 是一个开源的系统监控和警报工具包，当前许多互联网公司和开源组织都采用 Prometheus 组件，使 Prometheus 成为当前最流行的监控系统，并在 2016 年加入了 Cloud Native Computing Foundation，成为继 Kubernetes 之后的第二个托管项目。Grafana 是一个开源的可视化与分析软件，它允许用户查询、可视化和分析指标数据。通过 Prometheus 采集指标导入 Grafana，通过绘制各种数据图形，从而更直观地监测系统。

6. 日志收集

在 Java 开发中，通过采用 Log4j2 或 Logback 等日志插件将日志文件保存在服务器上，可以按日期或文件大小等规则进行落盘存储。当使用单机系统时，服务出现异常，开发人员可以直接登录服务器，使用 Linux 命令 tail、grep 和 awk 等操作日志文件来定位异常信息。但是采用分布式架构时，服务器成百上千，系统发生故障，开发人员不可能一台一台地登录服务器去定位日志信息，这样操作会非常耗时，此时就急需一个分布式日志收集系统。

分布式日志收集系统可以将散落在各个服务器上的日志统一收集、过滤和存储，并提供统一的查询和统计分析功能。通过日志收集系统，使用简单的查询语言就可以快速搜索到想要定位的日志信息。通过收集日志，还可以做一些离线和实时计算分析的事。综上所述，日志系统有以下三个作用：

- 日志查询：可以检索日志，定位服务异常。
- 系统诊断：将日志信息统计，提供指标展示，监控系统运行。
- 数据分析：存储日志，做离线和实时分析。

一个通用的分布式日志收集系统框架如图 1.14 所示。

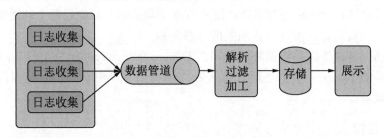

图 1.14　分布式日志收集系统框架

常用的日志抓取组件有 Cloudera 推出的 Flume、Facebook（现名 Meta，下同）推出的 Scribe、Yahoo 推出的 Chukwa，完整的解决方案还有 ELK（ElasticSearch、Logstash 和 Kibana）等。

7．持续集成与交付

分布式系统开发涉及多个开发团队，有可能多个开发人员共同维护同一个工程代码，所以需要有一个分布式的代码版本管理工具。Git 是当前最流行的代码管理工具，它可以多分支并行开发，还有提交合并等功能。基于 Git 的代码托管平台有 GitHub 和 GitLab 等。

当前互联网业务开发要求快速迭代，实现产品上线，如何做到业务的持续集成（Continuous Integration，CI）与持续交付（Continuous Delivery，CD）变得尤为重要。持续集成要求提交代码后就可以快速进行功能测试和验证。持续交付要求提交代码并测试和验证过后，快速将业务部署到生产环境或测试环境中。随着云计算时代的到来，Docker 与 Kubernetes 等容器与编排技术的发展使得大规模服务部署变成可能。Jenkins 是持续集成与交付的流行工具，它提供大量的插件来支持构建、部署和自动化等项目的需要。

持续集成与交付流程如图 1.15 所示。

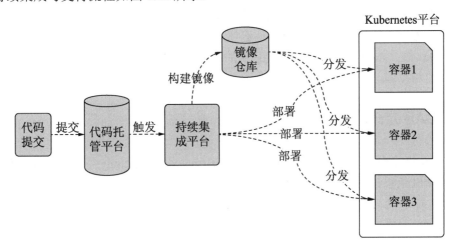

图 1.15　持续集成与交付流程

分布式系统拥有自动化运维系统，可以持续集成与部署，能大大提升开发者的效率，减少运维时间。

1.3　分布式系统的设计原则

分布式系统解决了集中式方案的一些问题，但也带来了新的挑战，如分布式系统中多个节点如何协同工作，并提供一个可扩展且稳定的系统。对于分布式系统设计而言，已经形成一些基本的理论规则。当设计一个分布式系统时，需要考虑以下特性：

- 高可用：分布式系统节点多且分散，当某个节点发生故障时可以瞬时切换到备份机器继续提供服务，不影响整体系统的使用，所以在分布式系统中需要提供冗余节点作为备份节点。

- 高可靠：分布式系统需要保证持久的服务运行。
- 数据一致：分布式系统的难点之一是如何保证数据的一致性，比如某个数据被更新，其他节点请求返回应该保持一致。
- 可扩展：分布式系统通常使用廉价的服务器，通过大规模多节点部署来提高系统性能。当有额外突发流量时，可以通过弹性扩容来处理。
- 高吞吐：性能是分布式系统设计的重要方面，如果做分布式开发没有提升系统的吞吐量，则设计是失败的。
- 低延迟：分布式系统接口响应要快速。
- 可维护：分布式系统的常规维护和升级部署要考虑低成本，以降低运维成本。

分布式系统也并不是完美的，为满足一些特性，往往需要牺牲另一些特性，例如要满足高可用性，就不太可能满足强一致性。分布式系统诞生了很多基础理论，如大名鼎鼎的 CAP 理论和 BASE 理论。为了协同工作还诞生了 Raft 和 PAXOS 等一致性算法，以及 Gossip 和 ZAB 协议等。本节主要介绍分布式系统的基础理论与算法，以便读者更加了解分布式设计的目的与原理。

1.3.1　CAP 定理

在 2000 年的 Symposium on Principles of Distributed Computing 会议上，来自 Berkeley 大学的计算机专家 Eric Brewer 提出了一个猜想：在一个分布式系统中，不可能同时满足一致性（Consistency）、可用性（Availability）与分区容错性（Partition tolerance）。两年以后，来自 MIT 的 Seth Gilbert 和 Nancy Lynch 进行该猜想的证明，最后形成 CAP 定理。CAP 理论关系如图 1.16 所示。

CAP 理论包括三部分，下面分别详细介绍一下。

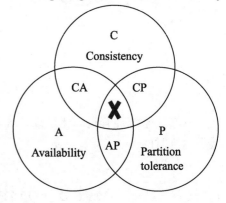

图 1.16　CAP 理论关系

1．一致性

在分布式系统中，一致性可以分为强一致性、弱一致性和最终一致性。对于关系型数据库来说，当写入成功后，所有客户端再访问时，读到的都是最新的数据，这就是强一致性。如果能容忍短时间内部分或者全部访问不一致，则称为弱一致性。但最终经过一段时间后，访问的数据是更新后的数据，则定义为最终一致性。在 CAP 理论中，一致性说的是强一致性，它要求所有的节点在同一时刻获取的数据完全一致。也就是说，在一致性的分布式系统中，当客户端更新某一个节点的数据后，客户端从其他任何节点读取的数据都是刚写入的数据。

2．可用性

在互联网开发领域，很多业务团队对外声称，某个系统可用性达到 5 个 9 或 4 个 9 等。其实 5 个 9 或 4 个 9 就是可用性的一种度量。如果是 5 个 9，它代表的是可用性达到 99.999%，代表这个系统全年停机时间不超过（1−0.99999）×365×24×60=5.256（min）。对于分布式系统来说，可用性是指每一个非故障节点都必须对客户端的请求做出响应。也就是说，任何没有发生故障的服务节点都必须在有限的时间内返回相应的结果。这里的可用指的是高可用，不能因为内部数据同步而导致用户请求阻塞。

3．分区容错性

分布式系统为了高可用通常会采取跨机房部署的方式，例如两地三中心或三地五中心。由于网络是不可靠的，因此这样做或多或少会存在网络通信问题。分区容错性通常指网络上的分区，当分布式系统遇到某些节点或网络分区出现故障时，整个系统仍然能够对外满足一致性或可用性服务。分区容错性能够让应用看上去是一个整体，即使某些节点出现故障，服务也能对外工作，对于用户来说这是无感知的。

下面通过一个简单的例子来验证一下 CAP 理论。在一个电商系统中，有订单系统和商品系统，还有库存主库和副本库，如图 1.17 所示。

此时，有用户 A 和 B 同时访问订单系统和商品系统，用户 A 下单一件商品，用户 B 查询商品库存，如图 1.18 所示。

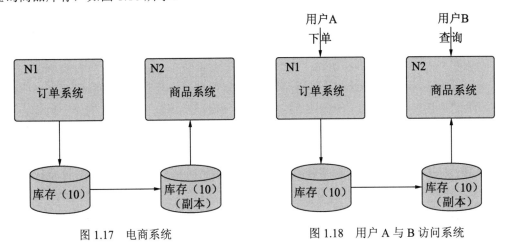

图 1.17　电商系统　　　　　　　　图 1.18　用户 A 与 B 访问系统

在正常情况下，用户 A 下单一件商品后库存会减 1，然后通知副本库更新库存为 9，如图 1.19 所示。

如图 1.20 所示，当更新副本库时，两个数据库之间的网络发生了故障，导致通信失败，这个时候用户 B 访问商品系统，返回的库存应该是多少呢？

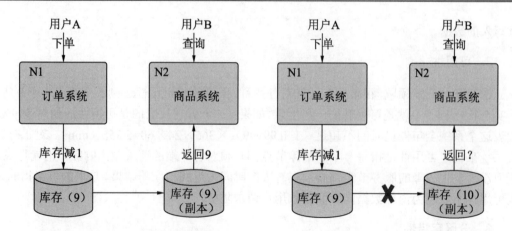

图 1.19　库存主库与副本库正常更新　　　图 1.20　库存主库与副本库发生网络故障

此时设计商品系统可以有两种选择:

(1) 牺牲数据的一致性,返回库存 10。虽然对于用户 B 来说,看到的数据并不正确,但是系统仍然可用。

(2) 牺牲数据的可用性,等待网络恢复,数据库更新后再返回库存 9,此时用户 B 不得不一直阻塞等待数据返回。

从上面的讨论来看,在分布式系统下 CAP 不能同时满足一致性、可用性和分区容错性。下面分三种情况阐述只满足两种特性的方式。

- CA 组合:因为分布式系统通常是网络分区的,如果放弃分区容错,则不在分布式的讨论范围内,所以通常分布式系统中没有这种组合。
- CP 组合:指满足一致性和分区容错性,而放弃可用性。通常这种组合允许系统停机或短时间内无响应,这样的系统在发生分区网络故障时,就要牺牲用户体验,等数据全部一致后再进行访问。典型的 CP 组合系统有 ZooKeeper 分布式协调中间件和 Redis 分布式数据库等。这类存储系统要求数据一致性,它不能保证每次服务请求的可用性。对于账单这样的服务,则必须保证数据的一致性,例如支付宝在“双十一”大促的时候,高并发下的大量请求会造成服务的不可用,这时候宁可放弃可用性,也要保证账单数据的一致性。
- AP 组合:指满足可用性和分区容错性,而放弃一致性。这种组合的分布式系统意味着用户在并发访问时会有数据不一致的情况。当网络发生故障时,节点之间失去联系,为了不影响用户体验,可以返回旧数据。这种场景比较多,如电商购物平台,有时候看到的库存数据不准确;再如购买火车票时,明明看到还有票,但下单时却被告知没有票。这类系统都牺牲了数据一致性以满足可用性,这样不会影响用户的体验。如果互联网系统要保证服务的高可用性,且要达到 4 个 9 或 5 个 9,则需要保证 AP。

CAP 理论的多种组合分别对应不同的应用场景,没有谁好谁坏,只有谁更适合。在金融领域涉及钱财的业务，肯定要先保持数据一致性，宁可放弃可用性。如果不涉及核心的业务场景，如商品详情和视频详情等，则可以为了用户体验优先满足可用性。

1.3.2　BASE 理论

BASE 理论是由 eBay 公司的架构师 Dan Pritchett（现在在 Google 公司）在进行分布式架构实战时总结提出来的，并发表了文章。BASE 理论是 CAP 定理的延伸，是对一致性和可用性的一种权衡策略。它的核心是即便不能做到强一致性，也可以根据自身的业务特点，采用适当的方式达到最终的一致性。通过牺牲数据的一致性来满足系统的高可用性，即使系统中的一部分数据不一致，也仍然能保持系统对外提供工作。

BASE 理论包括基本可用（Basically Available）、软状态（Soft State）和最终一致性（Eventually Consistent）三部分，如图 1.21 所示。

1．基本可用

基本可用就是当系统出现故障时，可以损失部分可用，而保证核心系统可用，不至于完全不能使用。例如部分接口响应时间可能延迟，部分接口选择直接降级。例如，"双十一"大促，当秒杀某件商品时，同一时刻大量用户并发访问，部分用户有可能失败。

2．软状态

软状态是一种中间状态，不影响系统的整体可用性。分布式数据库多个副本之间允许同步延迟，在达到统一的状态之前，副本之间存在不同，这种

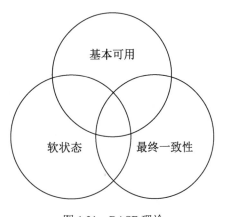

图 1.21　BASE 理论

状态就叫软状态。例如，在付款的时候，支付之后系统先返回"付款中"的状态，如果支付成功则返回"支付完成"状态，如果支付失败则进行退款。"付款中"就是中间状态，也就是软状态。

3．最终一致性

软状态指的是允许副本之间可以有短暂的同步延迟，但是经过一定时间后，所有副本最终达到一致性的状态，这就是最终一致性。例如，MySQL 数据库主从复制，如果遇到网络延迟和抖动等问题，则可以允许主库与从库数据不一致，但是当网络恢复后，最后从库会和主库保持一致。

表 1.1 列出了最终一致性的五种形式。

表 1.1　五类最终一致性

类　　　型	说　　　明
因果一致性	如果节点A更新数据之后向节点B通知更新，那么节点B的访问操作将返回更新的值
读自己所写数据一致性	一个节点的数据更新后，该节点后续的读操作都会返回最新值
会话一致性	在访问系统的同一个会话中，访问的数据是最新的
单调读一致性	对一个节点读取一个值之后，不会再读取该值以前的任何值
单调写一致性	系统保证对同一个节点的写操作串行化

总体来说，BASE 理论完善了 CAP 定理，在设计分布式系统时，应该尽可能满足 CAP 特性，通过最终一致性满足高可用性。

1.3.3　分布式一致性协议

分布式一致性协议有个非常有趣的例子，就是"拜占庭将军"问题。一组拜占庭将军分别率领一支军队围困一座城市，各支军队的行动只有进攻或撤退两种，所有军队需要行动一致，要么都进攻，要么都撤退。各位将军分处不同位置，他们只能通过信使互相联系。在投票的过程中每位将军会选择进攻还是撤退，然后通过信使分别通知其他所有将军，这样每位将军根据自己的投票和其他所有将军送来的信就可以知道共同的投票结果而决定进攻还是撤退。但在通信过程中会发生意外，例如信使在路上被杀，或者有将军叛变而故意投了混淆视听的票，这种情况如何处理？其实分布式一致性协议就是为了解决"拜占庭将军"问题的。

顾名思义，分布式一致性协议就是为了解决各个节点上数据一致性而出现的，简而言之就是用一种算法使节点上存储的数据是相同的。分布式一致性协议从不同角度可以分为不同类型。根据分布式系统中主节点的数量可以分为如下两种类型：

- 单主协议：由主节点处理写操作，然后同步到其余从节点，这样能保证数据传输的有序性。其中，2PC（两阶段提交）、3PC（三阶段提交）、Paxos、Raft 和 ZAB 等协议都属于这一类。
- 多主协议：所有写操作可以由不同节点发起，然后同步给其他从节点，不能保证是有序的，但可以做到最终一致性。Gossip 和 PoW 协议属于这一种类型。

下面讲解几个比较典型的分布式一致性协议的实现原理。

1．2PC协议

2PC 协议是为了分布式系统架构下的所有节点在进行事务提交时保持一致性而设计的。顾名思义两阶段提交就是分两个阶段，即准备阶段和提交阶段。

在准备阶段，协调者向所有节点提议（propose）是否可以执行提交操作（vote），并等待响应，参与节点执行事务操作，结果是成功或失败并反馈给协调组。发出提议如图 1.22 所示。

参与者返回响应如图 1.23 所示。

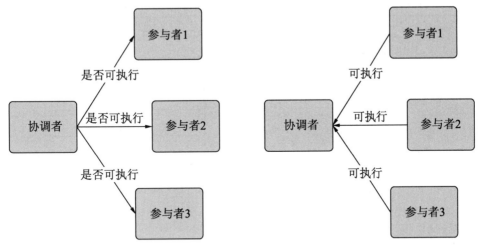

图 1.22　询问是否可执行操作　　　　　　图 1.23　参与者返回响应

在提交阶段，如果协调者收到参与节点失败的消息或超时响应，则发送回滚（Rollback）消息，如果收到全部成功消息，则发送提交（Commit）消息。参与节点根据协调者的指令执行提交或者回滚操作，如图 1.24 所示。

2PC 是强一致性操作协议，其处理结果要么全部成功，要么全部失败，没有其他中间状态。

2．3PC 协议

在 2PC 协议中，如果协调者发送提议之后发生故障，而导致其他参与节点一直阻塞，则等待执行提交或回滚命令。为了解决这个问题，延伸出了 3PC 协议。3PC 协议包括 CanCommit、PreCommit 和 DoCommit 三个阶段。

- CanCommit 阶段：协调者发送 CanCommit 请求，询问参与者是否可以执行事务提交操作，参与者根据自身情况响应 Yes 或者 No。
- PreCommit 阶段：如果从 CanCommit 阶段收到的响应全部是 Yes，那么执行事务的预执行操作；假如有任何一个返回 No 响应或者超时，则执行事务中断。
- DoCommit 阶段：在 PreCommit 阶段收到 Ack 响应后，提交事务并发送 DoCommit 请求，参与者收到 DoCommit 请求后开始本地提交事务并响应。

3PC 提交过程如图 1.25 所示。

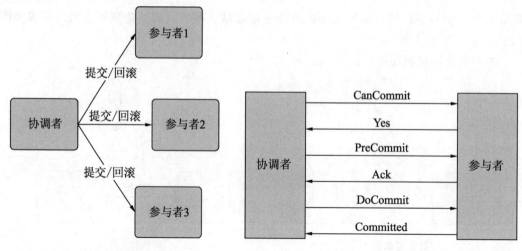

图 1.24　协调者发送执行命令　　　　　图 1.25　3PC 提交过程

3．Paxos协议

2013 年图灵奖获得者 Leslie Lamport 博士在论文 Paxos Made Simple 中详细描述了 Paxos 协议。Paxos 协议解决的问题是，在一个可能发生消息延迟、丢失或重复的分布式系统中，如何就某个值达成一致，而保证不论发生以上任何异常，都不会破坏决议的一致性。

Paxos 协议用以解决分布式系统中的共识问题。该协议是分布式系统一致性算法的基础，很多算法都是基于它做的变种，如 Raft 和 ZAB 协议等。

在 Paxos 协议中有一些特殊的术语，如表 1.2 所示。

表 1.2　Paxos协议涉及的术语

术　　语	说　　明
Value	提案的内容值
Propose	提议
Proposer	提议者，可以有多个，负责提议提案
Acceptor	接受者，需要有多个，对提案进行表决，同意则接受提案，否则拒绝提案
Learner	学习者，收集接受者接受的提案
Proposal	提案
Accept	接受

Paxos 协议需要满足如下一些必要条件：

- P1：接受者必须接受它收到的第一个提案。
- P1.a：接受者可以接受编号为 n 的提案，只要它没有响应过编号大于 n 的准备阶段的请求。

- P2：如果一个拥有 v 值的提案被选定，则每一个（比这个提案）更高编号且被选定的提案也都拥有 v 值。
- P2.a：如果一个拥有 v 值的提案被选定，则每一个（比这个提案）更高编号且被任意一个接受者接受的提案也都拥有 v 值。
- P2.b：如果一个拥有 v 值的提案被选定，则每一个（比这个提案）更高编号且被任意一个提议者提议的提案也都拥有 v 值。
- P2.c：对于任意的 v 和 n，如果一个编号为 n 且拥有值 v 的提案被提议，则存在一个由大多数接受者组成的集合 S 满足其中一个条件：（1）集合 S 里没有接受者接受了任何一个编号小于 n 的提案；（2）v 是集合 S 中接受者已经接受过的所有编号小于 n 的提案中编号最高的提案值。

Paxos 协议达成一致性共识需要准备和接受两个阶段。

1）准备阶段

（1）提议者选择一个编号为 n 的提案，向大部分接受者发送一个带有编号 n 的准备请求。

（2）如果接受者收到一个编号为 n 的准备请求，且 n 比它已经响应过的任何一个准备请求的编号都大，则它会向这个请求回复响应。响应内容为一个不再接受任何编号小于 n 的提案的承诺，以及它已经接受过的最大编号的提案（如果有的话）。

2）接受阶段

（1）如果提议者从大部分接受者那里收到了对它前面发出的准备请求的响应，则它就会接着给每一个接受者发送一个针对编号为 n 且值为 v 的提案的接受请求，而 v 就是它所收到的响应中最大编号的提案值，或者是它在所有响应都表明没有接受过任何提案的前提下自己定义的值 v。

（2）如果接受者收到一个针对编号为 n 的提案的接受请求，则它就会接受这个请求，除非它之前已经响应过编号大于 n 的准备请求。

3）示例

下面通过一个简单的例子描述 Paxos 协议的两阶段请求。

小李、小张和小王是 3 个地方分公司的员工，现在要提拔一位到总公司当经理，总公司人力总监让他们相互之间推荐总公司经理人选（方式有点残忍）。通过这 3 人的直接推荐来模拟 Paxos 协议的两阶段。

首先是准备阶段，如图 1.26 所示。

（1）小李将编号为 1 的提案发送给小张和小王，他们第一次收到提案，按照 P1 规则，必须接受该提案，并承诺不再接受小于编号为 1 的提案。此时小李收到了小张和小王的回复，即将进入接受阶段。如果没有收到回复，则再次进入准备阶段。

（2）小张将编号为 2 的提案并发送给小李和小王。小李第一次收到提案，则接受小张发送的编号为 2 的提案，并承诺不再接受小于编号为 2 的提案。小王已经收到小李发送的编号为 1 的提案，但是小张的提案编号为 2，大于编号 1，所以小王也接受小张的提案，

并承诺不再接受小于编号为 2 的提案。此时，小张收到小李和小王的回复，即将进入接受
阶段。

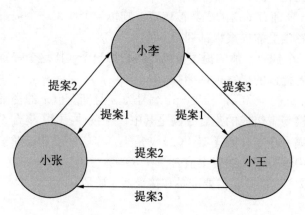

图 1.26   Paxos 协议的准备阶段

（3）小王将编号为 3 的提案发送给小李和小张，由于小王的提案编号为 3，大于小李
的编号 1 和小张的编号 2，所以小李和小张都接受小王的编号 3 的提案，并承诺不再接受
编号小于 3 的提案。

然后进入接受阶段，如图 1.27 所示。

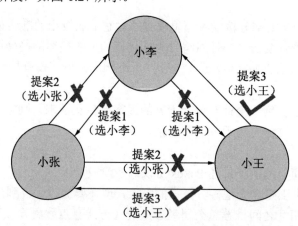

图 1.27   Paxos 协议的接受阶段

（1）小李发送编号为 1 的提案，提案内容为"选小李，发送给小张和小王"。由于小
张已经承诺不再接受编号小于 3 的提案，所以拒绝了小李的提案。小王也已经承诺不再接
受编号小于 2 的提案，同样也拒绝了小李的提案。由于大部分人拒绝了小李的提案，因此
小李再次进入准备阶段。

（2）小张发送编号为 2 的提案，提案内容为"选小张，发送给小李和小王"。由于小
李已经承诺不再接受编号小于 3 的提案，所以拒绝了小张的提案。小王声明不再接受编号

小于 2 的提案，小张发送的提案编号为 2，所以小王接受小张的提案。由于小张没有收到多数人的同意，因此再次进入准备阶段。

（3）小王发送编号 3 的提案，提案内容为"选小王，发送给小李和小张"。小李和小张都声明不再接受编号小于 3 的提案，但是小王发送的提案编号是 3，所以小李和小张接受小王的提案，小王收到大多数人的同意，所以小王最后当选为总公司的经理。

4．Raft协议

上面讲的主要是 Basic Paxos 协议，该协议主要对单一值进行一致性共识。还有 Multi Paxos 协议，它对多个值达成一致性共识。Paxos 设计复杂，且对实现细节没有进行详细的描述。Google 公司的 Chubby 虽然基于 Paxos 实现，但是加入了自己的设计，并没有开源。2014 年，Stanford 大学的 Diego Ongaro 和 John Ousterhout 发表了论文 In Search of an Understandable Consensus Algorithm，提出了 Raft 协议算法。Raft 协议从多副本状态机出发，将一致性问题分解成多个子问题：Leader 选举（Leader Election）、日志同步（Log Replication）、安全性（Safety）、日志压缩（Log Compaction）和成员变更（Membership Change）等。

Raft 协议涉及一些特定的术语，如表 1.3 所示。

表 1.3　Raft协议涉及的术语

术　　语	说　　明
Leader	领导者，接收客户端的请求，并同步日志到跟随者
Follower	跟随者，接收领导者的同步请求或投票选举
Candidate	候选人，领导者选举时的临时状态
Term	任期，选举成功后开启一个新的任期
Election Timeout	选举延迟，在此时间内没有收到领导者的心跳检测则开始新一轮的选举
Request Vote RPC	投票请求
Append Entries RPC	同步日志请求

在 Raft 协议中，各个节点的角色转换如图 1.28 所示。

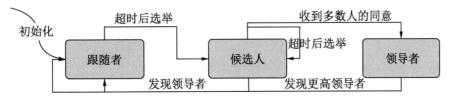

图 1.28　Raft 协议的各个节点的角色转换

在 Raft 协议中，每一次选举后进入新的任期，即便在任期内没有选出领导者也会进入新的任期。整个任期过程如图 1.29 所示。

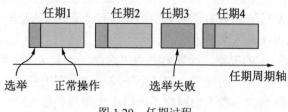

图 1.29　任期过程

基于 Raft 协议的选举分为多种情况，例如集群刚启动时或领导者出现故障时等。下面分几种情况介绍选举领导者的过程。

首先，当集群初始化后，所有的实例都处于跟随者状态，当有实例结束选举延迟后，即进入候选人状态开始选举。如图 1.30 所示，集群中有 5 个实例，初始化角色状态都是跟随者。

实例 S1 和 S2 同时结束选举延迟，角色状态变成候选人，然后开始选举，实例 S1 向实例 S3 和 S4 发送投票请求，实例 S2 向实例 S5 发送投票请求，如图 1.31 所示。

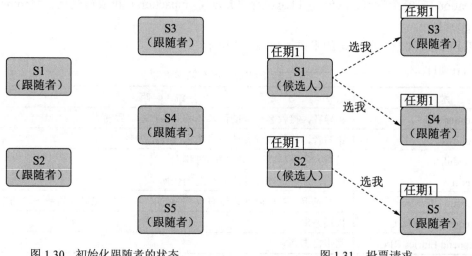

图 1.30　初始化跟随者的状态　　　　　　　图 1.31　投票请求

实例 S3 和 S4 同意选 S1 为领导者，实例 S5 同意选举实例 S2 为领导者，如图 1.32 所示。

实例 S1 获得了大部分的选票（包括自己的一票）变成领导者状态，如图 1.33 所示。

此时，实例 S2 向 S1 发送投票请求被拒绝，如图 1.34 所示。

实例 S2 发现已经选举出领导者，因此自动变为跟随者状态，最终选举结束，如图 1.35 所示。

当集群运行一段时间后，实例 S1 发生故障，整个群集没有领导者，需要重新进行选举。实例 S1 发生故障，如图 1.36 所示。

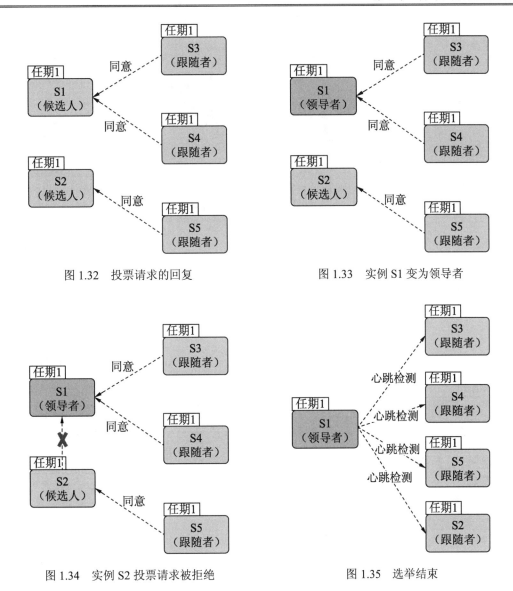

图 1.32 投票请求的回复　　　　　　图 1.33 实例 S1 变为领导者

图 1.34 实例 S2 投票请求被拒绝　　　图 1.35 选举结束

　　此时实例 S2 在选举延迟时间内没有收到心跳检测连接，开始转变为候选人，然后开始新任期选举，如图 1.37 所示。

　　实例 S2 收到大部分的选票，最终被选举为新的领导者，此时实例 S1 故障恢复，如图 1.38 所示。

　　由于实例 S1 是任期 1 选出来的领导者，实例 S2 是任期 2 选出来的领导者，此时实例 S1 会自动变为跟随者，如图 1.39 所示。

　　在 Raft 协议下，当领导者被选举出来后开始接收客户端请求，并进行日志复制，其流程如图 1.40 所示。

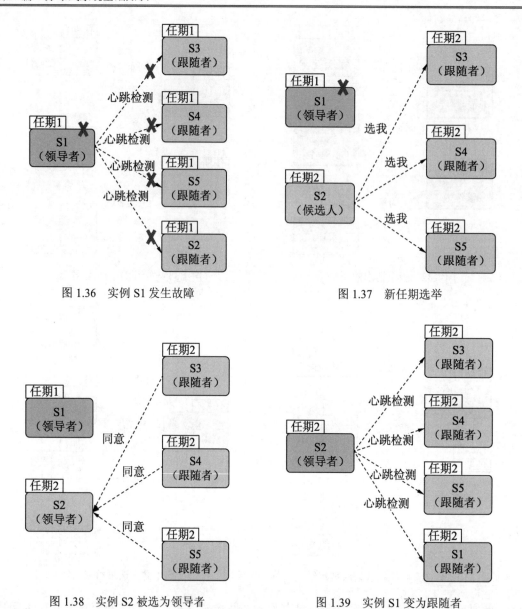

图 1.36　实例 S1 发生故障

图 1.37　新任期选举

图 1.38　实例 S2 被选为领导者

图 1.39　实例 S1 变为跟随者

　　领导者把客户端请求作为日志条目（Log Entry）加入日志中，然后并行地向跟随者发送投票请求并复制日志条目。当这条日志被大多数跟随者复制，则领导者将这条日志提交并向客户端返回执行结果。如果有跟随者复制失败，领导者会一直重试。日志是由有序索引编号（Log Index）的日志条目组成的。每个日志条目还包含任期号及用于执行的命令。Raft 协议在日志同步时有以下两个特性：

- 如果不同日志中的两个条目有相同的索引编号和任期号，则它们所存储的命令是相同的。

- 如果不同日志中的两个条目有相同的索引编号和任期号，则它们之前的所有条目都是完全一样的。

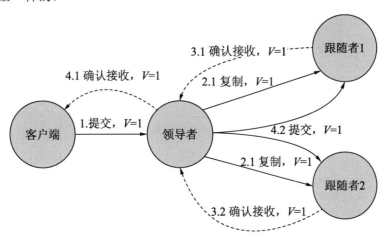

图 1.40　日志复制流程

在正常情况下，日志复制都会准确完成，但当领导者发生故障时，就会出现日志不同步的问题。第一种情况如图 1.41 所示。

	1	2	3	4	5
S1	$a=3$	$b=4$	$c=2$		
S2	$a=3$	$b=4$			
S3	$a=3$	$b=4$			
S4	$a=3$	$b=4$			
S5	$a=3$	$b=4$			

图 1.41　实例 S1 写入数据 $c=2$

实例 S1 是领导者，当刚写入数据 $c=2$ 时，还没有同步到实例 S2、S3、S4 和 S5 时发生了故障，但是短时间后又恢复并重新被选为领导者，此时实例 S1 发现日志 $c=2$ 已经存在，这条数据会被认为已经被提交，则直接将数据同步到其他实例，结果如图 1.42 所示。

	1	2	3	4	5
S1	$a=3$	$b=4$	$c=2$		
S2	$a=3$	$b=4$	$c=2$		
S3	$a=3$	$b=4$	$c=2$		
S4	$a=3$	$b=4$	$c=2$		
S5	$a=3$	$b=4$	$c=2$		

图 1.42　实例 S1 同步数据 $c=2$

第二种情况，如果实例 S1 发生故障后，实例 S2 被选为领导者，则写入数据 $d=5$，如图 1.43 所示。

	1	2	3	4	5
S1	$a=3$	$b=4$	$c=2$		
S2	$a=3$	$b=4$	$d=5$		
S3	$a=3$	$b=4$			
S4	$a=3$	$b=4$			
S5	$a=3$	$b=4$			

图 1.43　实例 S2 写入数据 $d=5$

当实例 S1 恢复后，由于实例 S2 的任期大于实例 S1 的任期，因此实例 S1 变为跟随者，实例 S1 的日志被覆盖而变为 $d=5$，如图 1.44 所示。

	1	2	3	4	5
S1	$a=3$	$b=4$	$d=5$		
S2	$a=3$	$b=4$	$d=5$		
S3	$a=3$	$b=4$	$d=5$		
S4	$a=3$	$b=4$	$d=5$		
S5	$a=3$	$b=4$	$d=5$		

图 1.44　实例 S1 同步数据 $d=5$

为了保证日志复制的安全性，Raft 协议提出了以下两点限制：

- 拥有最新已提交的日志条目的跟随者才有资格成为领导者。
- 在提交之前任期的日志项时，必须保证当前任期的日志项已经复制到大多数节点，这样之前任期的日志项才算真正被提交。

Raft 协议还对日志进行压缩，采用 Snapshot 来解决，而对 Snapshot 之前的日志可以丢弃。

5. ZAB协议

Raft 协议在很多优秀的开源框架中被广泛应用，如分布式 K/V 存储系统 etcd。ZAB 协议的全称是 Zookeeper Atomic Broadcast（Zookeeper 原子广播协议）。从名称中可以看到，ZAB 协议是为解决 Zookeeper 分布式一致性协调组件而使用的，它是一种支持崩溃恢复的原子广播协议。基于 ZAB 协议，Zookeeper 实现了主备模式（领导者和跟随者模型）的系统架构来实现多副本之间分布式事务一致性。ZAB 协议主要包括原子广播和崩溃恢复两个模式。

ZAB 协议的核心是：所有客户端事务请求必须由全局唯一的领导者服务器协调处理，该服务器负责处理写操作，会把事务请求封装成一个事务提案，然后分发给集群中的所有跟随者，发送广播请求然后等待跟随者的 Ack 响应，如果收到超过半数的正确响应，则领导者再次发送提交消息，其整体流程如图 1.45 所示。

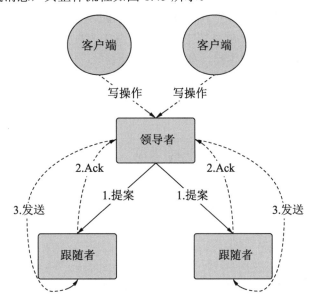

图 1.45　ZAB 协议原子广播的整体流程

在消息广播中，每一次事务请求都有唯一的事务编号 ID（ZXID），领导者与每一个跟随者之间都有一个 FIFO 队列进行维护，以保证事务能顺序执行。

如果领导者发生故障或与多数跟随者网络不能通信，则进入崩溃恢复模式。

在崩溃模式下有以下两个限制条件：

• 确保已经被领导者提交的提案最终被所有的跟随者服务器提交。
• 确保丢弃已经被领导者提出但是没有被提交的提案。

在崩溃恢复模式下，先进行领导者选举，新选举出的领导者包含最大的 ZXID，然后与跟随者进行同步，以确保事务是否已经被多数服务器提交。ZXID 是 64 位的数字，低 32 位是一个单增计数器，每一次事务请求就加 1，高 32 位相当于任期编号，每一次选举加 1。当有新的跟随者加入集群时，需要根据本地服务器的提案和领导者服务器的最后一次提案进行比较，有可能进行回滚或同步操作。

6．Gossip协议

Gossip（谣言）协议最早是在 1987 年发表的论文 Epidemic Algorithms for Replicated Database Maintenance 中被提出的。该协议就像它的名称一样，消息像八卦绯闻一样一传十、十传百地被传播，在一定时间内使系统内的所有节点数据一致，从而达到最终一致性。

在 Redis Cluster、Consul 和 Cassandra 等开源组件中都用到了 Gossip 协议。

　　基于 Gossip 协议，消息在传播的过程中首先选择种子节点，种子节点有可能收到新的更新消息，然后随机选择 N 个节点发送消息，这 N 个节点收到消息后同样继续向其他没有收到消息的节点发送，经过一定的时间后，理论上所有节点都收到了消息，达到了数据一致性。在 Gossip 协议里，每个节点都可以处理客户端写请求，属于多主协议。

　　在一个 12 个节点组成的集群系统中，选取节点 1 为种子节点，每次选取 4 个节点，如选取节点 2、8、10、11 传播消息，如图 1.46 所示。

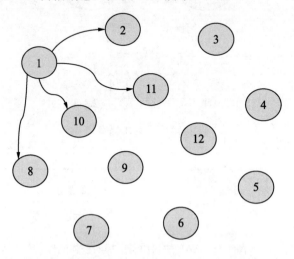

图 1.46　基于 Gossip 协议第一次传播消息

　　节点 2、8、10、11 接收到消息后，继续寻找周边节点进行传播，如节点 8 选择节点 6 和 7，节点 10 选择节点 9 和 5，节点 11 选择节点 3、4、12，如图 1.47 所示。

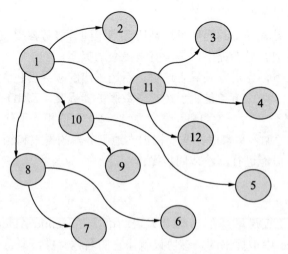

图 1.47　基于 Gossip 协议第二次传播消息

通过两次 Gossip 协议下的消息传播，整个集群里的 12 个节点已经完全接收到消息。

Gossip 协议下的传播类型主要分为两种：反熵传播（Anti-Entropy）和谣言传播（Rumor-Mongering）。反熵传播是指集群中的节点每隔一段时间就随机选择其他某个节点，然后通过互相交换各自的所有数据来消除两者之间的差异，从而实现数据的最终一致性。谣言传播是指一个节点有了新的数据后选择其他节点，然后发送新数据，直到所有的节点都存储了该数据。

Gossip 协议的两个节点之间有 3 种通信模式：

- Push：节点 A 将数据推送给节点 B，节点 B 更新节点 A 中比自己新的数据，如图 1.48 所示。

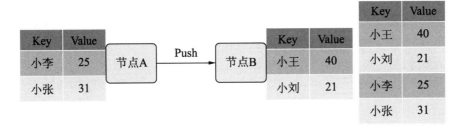

图 1.48　Push 通信模式

- Pull：节点 A 拉取节点 B 的数据，然后比对更新本地数据，如图 1.49 所示。

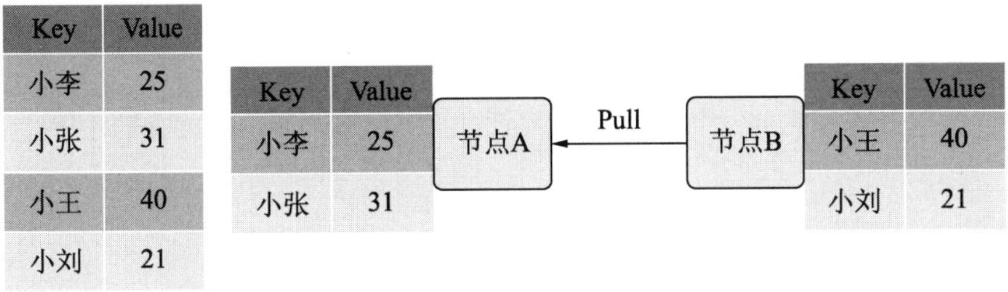

图 1.49　Pull 通信模式

- Push/Pull：相当于 Push 与 Pull 模式的合体，节点 A 与 B 之间的数据相互比较，最终达到节点 A 与 B 的数据一致，如图 1.50 所示。

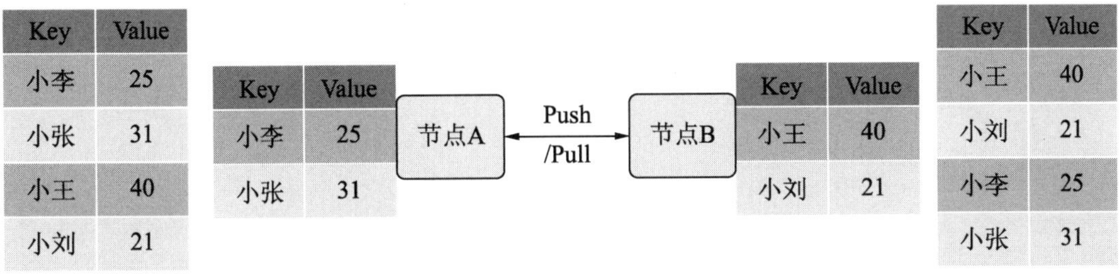

图 1.50　Push/Pull 通信模式

采用 Gossip 协议，数据像"病毒"一样传播，通过指数级传播可以快速达到数据一致性。Gossip 协议具备可扩展、容错、去中心化和简单可靠等特性，在区块链领域应用比较广泛。

1.4　总　　结

当前随着互联网公司业务的发展，后台服务器架构从单体架构和集群架构慢慢向分布式架构演变，随着云原生技术的发展还诞生了无服务架构。本章从系统架构的基本理论知识讲起，首先讲解了各个架构的特点与缺陷；接着讲解了开发一个分布式系统所需要的分布式中间件，以及如何对分布式系统进行服务治理；最后讲解了 CAP 和 BASE 等分布式设计理论，以及为了满足分布式数据一致性所涉及的一些协议，如 2PC、3PC、Paxos、Raft 和 ZAB 等。

第 2 章　分布式系统服务调用

分布式系统在于将一个复杂的系统拆分成一个个的微服务,然后部署在不同的虚拟机或者云平台上。一个微服务也许只提供一个接口,供其他服务来调用。通常在分布式框架下,用户对系统的一次请求有可能包含调用多个微服务接口。所以,在微服务开发之前需要确定服务之间的调用方式。当下流行的微服务调用方式分为两种,即 RPC(Remote Procedure Call)方式与 HTTP 方式。本章主要讲解 RPC 与 HTTP 两种微服务调用方式。

2.1　RPC 服务调用

RPC 即远端过程调用,是一种远程通信方式或协议。通过 RPC 方式,可以让两个不在同一个进程中的程序进行通信,并让一台远程计算机程序访问另一台计算机程序,开发者不用关心这个过程内部的调用细节,可以像调用本地方法一样。RPC 框架封装了调用过程,开发者只需要关注调用的服务方法即可,过程对开发者来说是透明的。

2.1.1　RPC 原理简介

RPC 基于 TCP 协议作为底层传输协议,通常远程调用的两端可以分为客户端和服务端或服务生产端和服务消费端。两个程序远程之间的调用,其数据需要统一格式,而且网络传输需要指定序列化方式(如 JSON 和 Protocol Buffer 等)。

如何做到两个远程程序之间的调用像调用本地方法那样方便呢?这里就涉及 Java 框架中的动态代理。客户端(这里统一称客户端,等同消费端)远程调用会把接口名、方法名、参数类型和参数值等发送到服务端(统一称服务端,等同生产端),服务端会根据提供的接口名、方法名、参数类型和参数值等信息生成代理对象执行相应的方法,并把结果进行序列化后一并返回。

图 2.1 展示了从客户端封装接口名和参数等信息,然后到服务端调用服务端本地方法的一个流程。

图 2.2 展示了服务端执行本地方法后,对结果进行序列化然后返回客户端的整个流程。

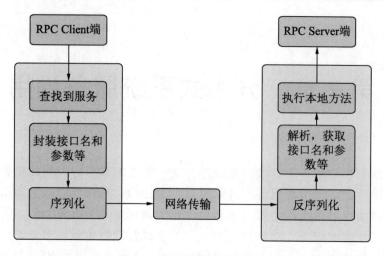

图 2.1　客户端到服务端流程

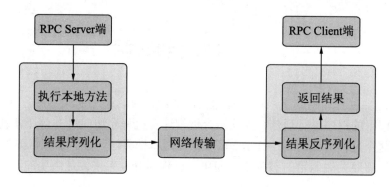

图 2.2　服务端到客户端流程

　　综上所述，对于开发者来说，在 RPC 服务调用的过程中，更应该关注服务的提供、发现和序列化方式等几个问题。

2.1.2　RPC 序列化协议

　　数据在网络上传输，发送方需要先对数据进行序列化，接收方则需要对数据进行反序列化后才能看到真实的数据。数据序列化是指将数据或对象转换成二进制的字节流；反序列化是指将二进制的字节流转换成原来的数据或对象。

　　不同的 RPC 框架基于自身的考虑，会使用不同的序列化协议。例如，Dubbo 使用的是 Hessian2 序列化协议，gRPC 使用的是 Protocol Buffer 序列化协议，当然也有基于 JSON 这种文本类型序列化的协议。本节重点讲解 Protocol Buffer 协议。

　　Protocol Buffer 是 Google 公司开源的一款用于数据传输的序列化工具，它具有跨语言和跨平台的特性。相对于 JSON 的格式来说，Protocol Buffer 序列化后可以做到更小的压缩，序列化更快，传输速度也更快。当前 gRPC 框架是基于 Protocol Buffer 序列化协议来进行数据传输的，并在客户端和服务端共同维护一份 Protocol Buffer 协议文件。

要使用 Protocol Buffer 序列化工具，通常需要定义一个以.proto 类型为扩展名的文件，然后通过 Protocol Buffer 提供的序列化工具生成对应的源代码。一个名为 login.proto 的文件内容定义如下：

```
syntax = "proto3";                       //proto3 语法解析
package test;

option java_multiple_files = true;
option java_package = "com.example.test";
option optimize_for = SPEED;
option java_generic_services = true;
option java_generate_equals_and_hash = true;

//登录服务接口
service LoginService {
    rpc sign(LoginRequest) returns (LoginResponse){}
}

//接口请求参数
message LoginRequest {
    string userId = 1;
    uint32 type = 2;
    uint32 t = 3;
}

//接口返回
message LoginResponse {
    CodeEnum code = 1;
    uint32 status = 2;
    string message = 3;
}

enum CodeEnum {
    E000 = 0;                            //请求成功
    E001 = 1;                            //参数不合法
    E002 = 2;                            //程序内部错误
    E003 = 3;                            //其他未知错误
    E004 = 4;                            //请求无数据
}
```

通过上面的例子可以看到，一个.proto 类型的文件通常包括基本类型和结构化类型。基本类型如表 2.1 所示。

表 2.1　.proto文件的基本类型

类　　型	备　　注
int32	可变长度编码

类　　型	备　　注
int64	可变长度编码
uint32	可变长度编码
uint64	可变长度编码
sint32	可变长度编码
sint64	可变长度编码
float	固定4字节长度
double	固定8字节长度
fixed32	固定4字节长度
fixed64	固定8字节长度
bool	布尔类型
string	字符串
bytes	字节

　　结构化的数据类型包括 message、enum 和 map 三种。其中，message 代表一个类对象，可以嵌套设置；enum 类似枚举类型。

　　Protocol Buffer 之所以序列化后更小，传输更快，是因为它使用了可变长度的编码，而且不存储字段名，只存储字段标号，并最终序列化为二进制字节流。图 2.3 展示了 Protocol Buffer 的数据存储方式。

图 2.3　Protocol Buffer 的数据存储方式

　　其中：Tag 表示数据标号与数据类型；Length 表示数据值的长度，是可选的；Value 表示存储数据的值。

2.1.3　RPC 框架

　　当前 RPC 框架很多，如 gRPC、Thrift 和 Dubbo 等。gRPC 是由 Google 公司开源的一种跨平台、跨语言的 RPC 框架。Thrift 最初由 Facebook 开发，然后孵化为 Apache 的顶级项目。Dubbo 是由阿里巴巴公司开源的一个高性能 RPC 分布式服务框架，它具有高性能、轻量级的特性。不同的 RPC 框架采用不同的序列化方式。本节重点选取 gRPC 框架来进行讲解。

　　gRPC 框架为高性能而生，它基于 Protocol Buffer 序列化协议，底层基于 HTTP 2.0 进行数据传输，同时支持多种开发语言，包括 C++、Java 和 Go 等主流语言。

2.1.2 小节介绍了 Protocol Buffer 序列化协议，它通过可变长度的编码方式，且只传输参数的标号而不传递参数名，来做到更小的体积。HTTP 2.0 提供了新的特性，包括多路复用、头部压缩、二进制帧和服务端推送机制。这些特性又让传输性能提升了一个等级。

想要使用 gRPC 框架，通常需要创建两个工程，即 Client 端与 Server 端。在本地先准备好两个工程，本节通过 Spring Boot 框架整合 gRPC。在 Server 端添加依赖：

```
<dependency>
    <groupId>net.devh</groupId>
    <artifactId>grpc-spring-boot-starter</artifactId>
    <version>${grpc-spring-boot-starter.version}</version>
</dependency>
```

在 Client 端添加依赖：

```
<dependency>
    <groupId>net.devh</groupId>
    <artifactId>grpc-client-spring-boot-starter</artifactId>
    <version>${grpc-spring-boot-starter.version}</version>
</dependency>
```

在 Client 端与 Server 端同时维护一个 hello.proto 文件，内容如下：

```
syntax = "proto3";

option java_multiple_files = true;
option java_package="com.example.rpc.hello";

//请求参数
message HelloReq{
    string name = 1;
}
//服务返回
message HelloResp{
    string ret = 1;
}
//服务类
service HelloService{
    //hello 方法
    rpc hello(HelloReq) returns (HelloResp){}
}
```

将 hello.proto 协议文件生成对应的类文件，需要在 pom 文件中配置 protoBuf 插件。配置内容如下：

```
<plugin>
    <groupId>org.xolstice.maven.plugins</groupId>
    <artifactId>protobuf-maven-plugin</artifactId>
    <version>0.6.1</version>
    <configuration>

<protocArtifact>com.google.protobuf:protoc:3.17.3:exe:${os.detected.
classifier}</protocArtifact>
```

```
    <pluginId>grpc-java</pluginId>

<pluginArtifact>io.grpc:protoc-gen-grpc-java:1.39.0:exe:${os.detected.
classifier}</pluginArtifact>
<outputDirectory>${project.build.sourceDirectory}</outputDirectory>
<clearOutputDirectory>false</clearOutputDirectory>
</configuration>
    <executions>
        <execution>
          <goals>
            <goal>compile</goal>
            <goal>compile-custom</goal>
          </goals>
        </execution>
    </executions>
</plugin>
```

执行 protoBuf 插件命令，会在 com.example.rpc.hello 路径下生成相应的类文件，如图 2.4 所示。

生成的文件如图 2.5 所示。

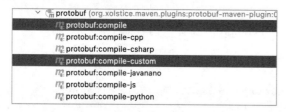

图 2.4　执行插件

图 2.5　生成文件

在 Server 端实现具体的 Service 方法。代码如下：

```
package com.example.rpc.service;

import com.example.rpc.hello.HelloReq;
import com.example.rpc.hello.HelloResp;
import com.example.rpc.hello.HelloServiceGrpc;
import io.grpc.stub.StreamObserver;
import net.devh.boot.grpc.server.service.GrpcService;

@GrpcService
public class HelloService extends HelloServiceGrpc.HelloServiceImplBase {

    @Override
    public void hello(HelloReq request, StreamObserver<HelloResp>
responseObserver) {
        HelloResp resp = HelloResp.newBuilder().setRet("你好:"+request.
getName()).build();
        responseObserver.onNext(resp);
        responseObserver.onCompleted();
    }

}
```

Server 端项目的配置文件内容如下：

```
server:
  port: 8080
spring:
  application:
    name: grpc-server
grpc:
  server:
    port: 9090
```

在 Client 端的配置文件中需要配置 Server 端服务的地址与端口，内容如下：

```
grpc:
  client:
    grpc-server:
      address: static://localhost:9090
      enableKeepAlive: true
      keepAliveWithoutCalls: true
      negotiationType: plaintext
spring:
  application:
    name: grpc-client
server:
  port: 8081
```

在 Client 端编写一个接口，并进行测试，代码如下：

```
package com.example.rpc.controller;

import com.example.rpc.hello.HelloReq;
import com.example.rpc.hello.HelloResp;
import com.example.rpc.hello.HelloServiceGrpc;
import net.devh.boot.grpc.client.inject.GrpcClient;
import org.springframework.web.bind.annotation.RequestMapping;
import org.springframework.web.bind.annotation.RestController;


@RestController
@RequestMapping("/")
public class HelloController {

    @GrpcClient("grpc-server")
    HelloServiceGrpc.HelloServiceBlockingStub helloServiceBlockingStub;

    @RequestMapping("hello")
    public String hello(String name) {
        HelloResp resp = helloServiceBlockingStub.hello(HelloReq.newBuilder().
setName(name).build());
        return resp.getRet();
    }
}
```

分别启动 Server 端与 Client 端，访问接口 http://localhost:8081/hello?name=zhangsan，可以看到 Server 端正常返回了。

2.2　用 HTTP 方式访问服务

基于 RPC 框架的服务调用有一定的局限性，例如客户端与服务端需要维护相同的 PROTO 文件，在客户端需要配置服务端的地址等，基于 HTTP 的接口访问方式更通用一些。本节主要讲解访问 HTTP 接口的一些通用框架。

2.2.1　RESTful 架构

REST（Resource Representational State Transfer）指展现层状态转移。Resource 代表资源，通常一个 URI 代表一种资源。Representational 是资源的展示形式，类似以 JSON 格式展示。状态转移是通过各种操作符（GET、POST、PUT、PATCH 和 DELETE 等）对资源进行操作。

对于接口服务来说，每个接口都用 URI 来表示。对于资源操作来说，有以下几种操作类型：

- GET：在服务端接口获取资源。
- POST：在服务端创建新的资源。
- PUT：在服务端更新资源。
- PATCH：在服务端更新资源。
- DELETE：在服务端删除某一资源。

HTTP Header 头可以存储一些额外的信息，例如，接口鉴权需要传递令牌（Token）信息或者用户相关的会话信息 SessionId 等。在分布式系统中，微服务接口提供方通常遵循 RESTful 风格。客户端采用 HTTP 方式访问时，Spring 提供不同的访问框架，如 OpenFeign 和 RestTemplate 等组件。

2.2.2　OpenFeign 访问

OpenFeign 是 Spring Cloud 家族中的一个重要组件，它是一个轻量级 RESTful 风格的 HTTP 服务客户端。它是在 Feign 的基础上发展起来的，其内置 Ribbon 组件，可以用来做客户端负载均衡。OpenFeign 和前面介绍的 gRPC 一样，可以简化服务调用过程，类似本地方法调用那样简单。

OpenFeign 的主要特性如下：

- OpenFeign 通过声明式的方式定义一个 HTTP Client。
- OpenFeign 定义了许多 HTTP 请求的模板，简单实用。
- OpenFeign 集成了 Ribbon 及 Hystix 组件，丰富了更多的功能。

- OpenFeign 提供了对 Spring MVC 注解的支持。

要使用 OpenFeign 访问服务，需要服务端先定义一个接口。代码如下：

```
package com.example.rpc.controller;

import org.springframework.web.bind.annotation.GetMapping;
import org.springframework.web.bind.annotation.RequestMapping;
import org.springframework.web.bind.annotation.RestController;

@RestController
@RequestMapping("/")
public class TestController {

    @GetMapping("testFeign")
    public String test() {
        return "hello openFeign!";
    }
}
```

在客户端先定义一个 OpenFeign 接口，在其中声明调用服务的接口信息。代码如下：

```
package com.example.rpc.client;

import org.springframework.cloud.openfeign.FeignClient;
import org.springframework.web.bind.annotation.RequestMapping;
import org.springframework.web.bind.annotation.RequestMethod;

@FeignClient(name = "testFeign", url = "http://127.0.0.1:8080")
public interface TestFeignClient {

    @RequestMapping(value = "/testFeign", method = RequestMethod.GET)
    public String testFeign();
}
```

如果让 Spring 容器来管理 TestFeignClient，则需要在入口类添加@EnableFeignClients
注解。代码如下：

```
@EnableFeignClients(basePackages = "com.example.rpc.client")
```

然后在客户端定义一个接口来使用 FeignClient。代码如下：

```
package com.example.rpc.controller;

import com.example.rpc.client.TestFeignClient;
import javax.annotation.Resource;
import org.springframework.web.bind.annotation.RequestMapping;
import org.springframework.web.bind.annotation.RestController;

@RestController
@RequestMapping("/")
public class TestFeignController {

    @Resource
    private TestFeignClient testFeignClient;

    @RequestMapping("testFeign")
```

```
public String test() {
    return testFeignClient.testFeign();
}
}
```

启动服务端与客户端，访问如下接口：

```
http://localhost:8081/testFeign
```

查看@FeignClient 注解源代码：

```
package org.springframework.cloud.openfeign;

import java.lang.annotation.Documented;
import java.lang.annotation.ElementType;
import java.lang.annotation.Inherited;
import java.lang.annotation.Retention;
import java.lang.annotation.RetentionPolicy;
import java.lang.annotation.Target;
import org.springframework.core.annotation.AliasFor;

@Target({ElementType.TYPE})
@Retention(RetentionPolicy.RUNTIME)
@Documented
@Inherited
public @interface FeignClient {
    @AliasFor("name")
    String value() default "";

    String contextId() default "";

    @AliasFor("value")
    String name() default "";

    /** @deprecated */
    @Deprecated
    String qualifier() default "";

    String[] qualifiers() default {};

    String url() default "";

    boolean decode404() default false;

    Class<?>[] configuration() default {};

    Class<?> fallback() default void.class;

    Class<?> fallbackFactory() default void.class;

    String path() default "";

    boolean primary() default true;
}
```

由上面的代码可以看到，OpenFeigin 可以设置 configuration 和 fallback，configuration

可以设置请求头，fallback 可以设置熔断降级配置。例如，下面的示例增加了 configuration，请求时添加了 header 信息。

```
package com.example.rpc.config;

import feign.RequestInterceptor;
import org.springframework.context.annotation.Bean;

public class TestFeignConfig {
    @Bean
    public RequestInterceptor requestInterceptor() {
        return requestTemplate -> {
            long now = System.currentTimeMillis();
            requestTemplate.header("Timestamp", String.valueOf(now));
        };
    }
}
```

在声明@FeignClient 中添加如下配置：

```
@FeignClient(name = "testFeign", url = "http://127.0.0.1:8080",
configuration = TestFeignConfig.class)
```

2.2.3　RestTemplate 访问

RestTemplate 是 Spring 框架集成的一个用于访问 RESTful 风格服务的客户端框架。如果用户之前使用过类似 HttpClient 工具的话，则使用体验肯定好。RestTemplate 包装了底层的实现，提供了简单的使用方式，提高了编码效率。

使用 RestTemplate，有以下两种创建方式：

```
new RestTemplate()                                          //方式1

new RestTemplate(ClientHttpRequestFactory requestFactory)   //方式2
```

ClientHttpRequestFactory 可以设置超时时间。此处以方式 2 创建为例，代码如下：

```
package com.example.rpc.config;

import org.springframework.context.annotation.Bean;
import org.springframework.context.annotation.Configuration;
import org.springframework.http.client.ClientHttpRequestFactory;
import org.springframework.http.client.SimpleClientHttpRequestFactory;
import org.springframework.web.client.RestTemplate;

@Configuration
public class RestTemplateConfig {

    @Bean
    public RestTemplate restTemplate(ClientHttpRequestFactory factory) {
        return new RestTemplate(factory);
    }

    @Bean
```

```
    public ClientHttpRequestFactory simpleClientHttpRequestFactory() {
        SimpleClientHttpRequestFactory factory = new SimpleClientHttp
RequestFactory();
        factory.setReadTimeout(3000);
        factory.setConnectTimeout(6000);
        return factory;
    }
}
```

然后在服务端定义一个测试接口，代码如下：

```
package com.example.rpc.controller;

import org.springframework.web.bind.annotation.GetMapping;
import org.springframework.web.bind.annotation.RequestMapping;
import org.springframework.web.bind.annotation.RestController;

@RestController
@RequestMapping("/")
public class TestController {

    @GetMapping("testRest")
    public String testRest() {
        return "hello restTemplate!";
    }
}
```

RestTemplate 请求服务有两种方式：getForObject 与 getForEntity。首先，以 getForObject 方法为例，代码如下：

```
@GetMapping("testRest")
public String testRest() {
    String url = "http://127.0.0.1:8080/testRest";
    String result = restTemplate.getForObject(url, String.class);
    return result;
}
```

下面的示例描述了 getForEntity 方法，代码如下：

```
@GetMapping("testRestEntity")
public String testRestEntity() {
    String url = "http://127.0.0.1:8080/testRest";
    ResponseEntity<String> responseEntity = restTemplate.getForEntity(url,
String.class);
    String result = responseEntity.getBody();
    return result;
}
```

分别访问以下 URL，获取接口的返回值：

```
http://localhost:8081/testRest

http://localhost:8081/testRestEntity
```

2.3　总　　结

本章主要讲解了分布式系统常见的服务调用方法，主要包括 PRC 调用与 HTTP 访问，涵盖 gRPC 框架的原理、Protocol Buffer 序列化协议和 gRPC 框架实战案例等。HTTP 访问方式主要介绍了 RESTful 风格架构，重点讲解了 Spring 框架提供的以 OpenFeign 和 RestTemplate 方式访问服务的方法与示例。

第 3 章　分布式系统数据访问

不管是单体应用还是分布式应用，都离不开对数据的操作。虽然现在各种各样的数据库层出不穷，有结构化和非结构化的数据库，也有文档类型的数据库，但是 MySQL 数据库还是作为主流的数据库被广泛地使用。本章主要以 MySQL 数据库为主，讲解数据库操作。在分布式系统开发中，为了提高系统接口的高可用和高吞吐，需要对接口的返回数据进行缓存。缓存主要分为本地缓存与分布式缓存。分布式缓存主要使用 Redis 这种基于内存的缓存数据库。本章也会讲解分布式缓存的更新策略与失效问题。

3.1　集成 MyBatis-Plus

基于 Java 编程语言开发后端应用的过程中，数据持久化框架有多款，如 Hibernate、MyBatis 等。MyBatis 是一个优秀且开源的持久层框架，支持开发者自定义查询 SQL 语句。以前开发者在连接数据库时，会先进行 JDBC 连接配置、参数设置和返回的结果集转换等工作。现在 MyBatis 为用户做好了这一切，用户只需要关注查询质量即可。MyBatis 通过简单的 XML 配置或注解与 POJO 对象进行映射。总之，MyBatis 已经为开发者做了大量的工作，使操作数据库更加方便。

MyBatis-Plus 作为 MyBatis 的增强工具，并不是要替代 MyBatis，而是在 MyBatis 的基础之上进行增强。MyBatis-Plus 为简化开发和提升开发效率而生。本节主要讲解 MyBatis-Plus 的使用。

3.1.1　MyBatis-Plus 简介

MyBatis-Plus 可提升开发效率，通过 MyBatis-Plus 插件可以直接生成 Dao 和 Model 等层的相关代码，并提供基本的 CRUD 操作方法。MyBatis-Plus 提供扩展功能，可以让开发者自己开发各种插件，它本身提供分页插件、乐观锁等插件。从 MyBatis-Plus 官网上可以看到，它提供了如下特性：

- 无侵入：引入 MyBatis-Plus 不会对现有工程造成任何影响。
- 损耗小：项目启动后，可以直接注入基本的 CRUD 操作。
- 强大的 CRUD 操作：MyBatis-Plus 会生成通用 Mapper 和 Service 等类，通过简单的

配置，即可实现大部分的数据库操作，还可以通过条件构造器构建条件查询，从而满足多种使用场景。

- 支持 Lambda 形式的调用：通过 Lambda 表达式，可以更加方便地编写各种查询条件。
- 支持主键自动生成方式：支持多达 4 种主键生成策略。
- 支持 ActiveRecord 模式：支持 ActiveRecord 形式的调用。
- 支持自定义全局通用操作：支持全局通用方法注入。
- 内置代码生成器：采用代码生成或 Maven 插件的方式，自动生成 Mapper、Model 和 Service 代码，可大大简化开发效率。
- 内置分页插件：通过分页插件，编写分页查询就等同于普通的列表查询。
- 内置性能分析插件：可输出 SQL 语句及其执行时间，可以定位慢查询。
- 内置全局拦截插件：可对全表 Delete 和 Update 等操作智能分析，进行阻断，同样可以自定义拦截规则。

MyBatis-Plus 框架如图 3.1 所示。

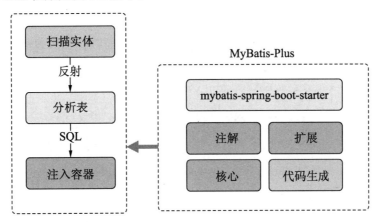

图 3.1　MyBatis-Plus 框架

3.1.2　MyBatis-Plus 集成

想要使用 MyBatis-Plus，需要先在 pom.xml 文件中添加依赖。代码如下：

```xml
<dependency>
    <groupId>com.baomidou</groupId>
    <artifactId>mybatis-plus-boot-starter</artifactId>
    <version>3.5.1</version>
</dependency>
```

在操作数据库时，如创建时间、版本号和逻辑删除等，有些字段需要自动填充。MyBatis-Plus 具有这个功能，只需要实现 MetaObjectHandler 接口中的 insertFill 方法即可。代码如下：

```
package com.example.mybatis.handlers;

import com.baomidou.mybatisplus.core.handlers.MetaObjectHandler;
import java.util.Date;
import org.apache.ibatis.reflection.MetaObject;
import org.springframework.stereotype.Component;

@Component
public class MyMetaObjectHandler implements MetaObjectHandler {

    @Override
    public void insertFill(MetaObject metaObject) {
        this.setFieldValByName("createTime",new Date(),metaObject);
        this.strictInsertFill(metaObject, "deleted", Integer.class, 0);
        this.strictInsertFill(metaObject, "version", Integer.class, 1);
    }

    @Override
    public void updateFill(MetaObject metaObject) {

    }
}
```

MyBatis-Plus 通过提供插件的方式来扩展功能，如分页插件和乐观锁插件等。添加自动配置类并定义 MyBatisPlusInterceptor 对象，代码如下：

```
package com.example.mybatis.config;

import com.baomidou.mybatisplus.annotation.DbType;
import com.baomidou.mybatisplus.extension.plugins.MyBatisPlusInterceptor;
import com.baomidou.mybatisplus.extension.plugins.inner.OptimisticLocker
InnerInterceptor;
import com.baomidou.mybatisplus.extension.plugins.inner.PaginationInner
Interceptor;
import org.springframework.context.annotation.Bean;
import org.springframework.context.annotation.Configuration;
import org.springframework.transaction.annotation.EnableTransaction
Management;

@Configuration
@EnableTransactionManagement
public class MybatisPlusConfig {

    /**
     * 分页插件
     *
     * @return 分页拦截器
     */
    @Bean
    public MybatisPlusInterceptor mybatisPlusInterceptor() {
        MybatisPlusInterceptor interceptor = new MybatisPlusInterceptor();
        interceptor.addInnerInterceptor(new PaginationInnerInterceptor
(DbType.MYSQL));
        interceptor.addInnerInterceptor(new OptimisticLockerInnerInterceptor());
        return interceptor;
```

```
        }
    }
```

MyBatis-Plus 自动生成 Mapper、Model 和 Service 类有两种方式：一是通过配置 generatorConfig.xml 的方式；二是安装 MyBatisX-Generator 插件。本节主要介绍通过插件的方式生成代码。在 IDEA 开发工具插件市场中搜索 MyBatisX，然后安装，如图 3.2 所示。

图 3.2　MyBatisX

在 IDEA 开发工具中连接 Database 后，在需要生成代码的表名处单击鼠标右键，选择 MyBatisX-Generator，如图 3.3 所示。

base package	com.test.data	encoding	UTF-8	superClass	
base path	src/main/java	ignore field prefix		ignore table prefix	
relative package	entity	ignore field suffix		ignore table suffix	
extra class suffix		class name strategy	◉ camel ○ same as tablename		
tableName				className	

图 3.3　路径配置

设置好根路径后单击下一步，再设置 Mapper、Service、Dao 各层级代码的生成路径，如图 3.4 所示。

annotation	○ None		◉ Mybatis-Plus 3		
	○ Mybatis-Plus 2		○ JPA		
options	☐ Comment	☐ toString/hashCode/equals	☑ Lombok		
	☐ Actual Column	☐ Actual Column Annotation	☐ JSR310: Date API		
template	○ mybatis-plus2	○ default-empty	◉ mybatis-plus3		
	○ default-all	○ custom-model-swagger			
—	config name	module path		base path	package name

图 3.4　代码生成配置

设置 mapperXml、mapperInterface、serviceInterface 和 serviceImpl 等相关文件的生成路径，单击"完成"按钮，则自动生成相关的代码。

假如有一张 user 表，创建表的语句如下：

```sql
CREATE TABLE `user` (
  `id` bigint(20) NOT NULL AUTO_INCREMENT COMMENT '主键ID',
  `name` varchar(30) DEFAULT NULL COMMENT '姓名',
  `age` int(11) DEFAULT NULL COMMENT '年龄',
  `email` varchar(50) DEFAULT NULL COMMENT '邮箱',
  `deleted` tinyint(4) NOT NULL COMMENT '0有效，1删除',
  `version` int(32) DEFAULT NULL COMMENT '版本',
  `createTime` datetime DEFAULT NULL COMMENT '创建时间',
  `updateTime` datetime DEFAULT NULL ON UPDATE CURRENT_TIMESTAMP COMMENT '更新时间',
  PRIMARY KEY (`id`)
) ENGINE=InnoDB AUTO_INCREMENT=1 DEFAULT CHARSET=utf8;
```

通过 MyBatisX 插件生成的 UserMapper.xml 代码如下：

```xml
<?xml version="1.0" encoding="UTF-8"?>
<!DOCTYPE mapper
        PUBLIC "-//mybatis.org//DTD Mapper 3.0//EN"
        "http://mybatis.org/dtd/mybatis-3-mapper.dtd">
<mapper namespace="com.example.mybatisPlus.mybatisPlus.dao.UserMapper">

    <resultMap id="BaseResultMap" type="com.example.mybatisPlus.mybatisPlus.model.User">
            <id property="id" column="id" jdbcType="BIGINT"/>
            <result property="name" column="name" jdbcType="VARCHAR"/>
            <result property="age" column="age" jdbcType="INTEGER"/>
            <result property="email" column="email" jdbcType="VARCHAR"/>
            <result property="createTime" column="createTime" jdbcType="TIMESTAMP"/>
            <result property="updateTime" column="updateTime" jdbcType="TIMESTAMP"/>
            <result property="deleted" column="deleted" jdbcType="TINYINT"/>
            <result property="version" column="version" jdbcType="INTEGER"/>
    </resultMap>

    <sql id="Base_Column_List">
        id,name,age,
        email,createTime,updateTime,
        deleted,version
    </sql>
</mapper>
```

生成的 UserMapper 接口代码如下：

```java
package com.example.mybatis.dao;

import com.example.mybatisPlus.mybatisPlus.model.User;
import com.baomidou.mybatisplus.core.mapper.BaseMapper;

/**
 * @description 针对表 user 的数据库操作 Mapper 的实现
 * @createDate 2022-12-20 16:42:28
 * @Entity com.example.mybatisPlus.mybatisPlus.model.User
```

```
*/
public interface UserMapper extends BaseMapper<User> {

}
```

生成的 User 实体类代码如下：

```
package com.example.mybatis.model;

import com.baomidou.mybatisplus.annotation.FieldFill;
import com.baomidou.mybatisplus.annotation.IdType;
import com.baomidou.mybatisplus.annotation.TableField;
import com.baomidou.mybatisplus.annotation.TableId;
import com.baomidou.mybatisplus.annotation.TableLogic;
import com.baomidou.mybatisplus.annotation.TableName;
import com.baomidou.mybatisplus.annotation.Version;
import com.example.mybatisPlus.mybatisPlus.groups.UserCreateGroup;
import com.example.mybatisPlus.mybatisPlus.groups.UserUpdateGroup;
import com.example.mybatisPlus.mybatisPlus.validator.IdCard;
import java.io.Serializable;
import java.util.Date;
import lombok.AllArgsConstructor;
import lombok.Builder;
import lombok.Data;
import lombok.NoArgsConstructor;
import org.hibernate.validator.constraints.Range;

/**
 *
 * @TableName user
 */
@TableName(value ="user")
@Data
@Builder
@NoArgsConstructor
@AllArgsConstructor
public class User implements Serializable {
    /**
     * 主键 ID
     */
    @TableId(value = "id",type = IdType.AUTO)
    private Long id;

    /**
     * 姓名
     */
    @TableField(value = "name")
    private String name;

    /**
     * 年龄
     */
    @TableField(value = "age")
    private Integer age;
```

```
    /**
     * 邮箱
     */
    @TableField(value = "email")
    private String email;

    /**
     * 创建时间
     */
    @TableField(value = "createTime",fill = FieldFill.INSERT)
    private Date createTime;

    /**
     * 更新时间
     */
    @TableField(value = "updateTime")
    private Date updateTime;

    /**
     * 删除标志，0:有效，1:删除
     */
    @TableField(value = "deleted",fill = FieldFill.INSERT)
    @TableLogic(value = "0",delval = "1")
    private Integer deleted;

    /**
     * 乐观锁版本
     */
    @Version
    @TableField(value = "version",fill = FieldFill.INSERT)
    private Integer version;

    @TableField(exist = false)
    private static final long serialVersionUID = 1L;
}
```

生成的 UserService 接口代码如下：

```
package com.example.mybatis.service;

import com.example.mybatisPlus.mybatisPlus.model.User;
import com.baomidou.mybatisplus.extension.service.IService;

/**
* @description 针对表 user 的数据库操作 Service 的实现
* @createDate 2022-12-25 17:01:38
*/
public interface UserService extends IService<User> {

}
```

生成的 UserServiceImpl 代码如下：

```
package com.example.mybatis.service.impl;

import com.baomidou.mybatisplus.extension.service.impl.ServiceImpl;
```

```
import com.example.mybatisPlus.mybatisPlus.model.User;
import com.example.mybatisPlus.mybatisPlus.service.UserService;
import com.example.mybatisPlus.mybatisPlus.mapper.UserMapper;
import org.springframework.stereotype.Service;

/**
 * @description 针对表 user 的数据库操作 Service 的实现
 * @createDate 2022-12-25 17:01:38
 */
@Service
public class UserServiceImpl extends ServiceImpl<UserMapper, User>
    implements UserService{

}
```

在执行 SQL 操作时，如果想要打印 SQL 语句，可以在 application.yml 配置文件中添加如下配置信息：

```
mybatis-plus:
  mapper-locations: classpath*:mappers/*.xml
  global-config:
    db-config:
      id-type: auto
      field-strategy: not_empty
      #驼峰下画线转换
      column-underline: true
      #逻辑删除配置
      logic-delete-value: 0
      logic-not-delete-value: 1
      db-type: mysql
    refresh: false
  configuration:
    map-underscore-to-camel-case: true
    cache-enabled: false
    log-impl: org.apache.ibatis.logging.stdout.StdOutImpl
```

3.1.3　Druid 连接池

为了重复利用 MySQL 的连接池，Java 开源领域有许多数据库连接池框架，如 HikariCP、C3P0 和 Druid 等。Druid 是阿里巴巴公司开源的一款数据库连接池组件，该连接池功能强大，可扩展性强，性能稳定，支持对 SQL 语句级监控，并能够防止 SQL 语句注入，提供安全防护，在业界比较流行。

要使用 Druid，首先需要在 pom.xml 中添加 Druid 依赖：

```
<dependency>
    <groupId>com.alibaba</groupId>
    <artifactId>druid-spring-boot-starter</artifactId>
    <version>1.2.5</version>
</dependency>
```

在分布式系统中，为了提升高可用性，通常会把数据库操作进行读写分离，在项目中需要配置读写库，并且对 SQL 进行监控。整个数据源连接池的配置代码如下：

```yaml
spring:
  datasource:
    dynamic:
      primary: master
      datasource:
        master:
          url: jdbc:mysql://mysql.master.com:3306/test
          username: root
          password: 123456
          driver-class-name: com.mysql.jdbc.Driver
        slave:
          url: jdbc:mysql://mysql.readonly.com:3306/test
          username: root_ro
          password: 123456
          driver-class-name: com.mysql.jdbc.Driver
        druid:
          initial-size: 5                          # 初始化大小
          min-idle: 5                              # 最小
          max-active: 100                          # 最大
          max-wait: 60000                          # 连接超时时间
          # 配置间隔多久进行一次检测，检测需要关闭的空闲连接，单位是 ms
          time-between-eviction-runs-millis: 60000
          # 指定一个空闲连接最小时间可被清除，单位是 ms
          min-evictable-idle-time-millis: 300000
          validationQuery: SELECT 'x'
          test-while-idle: true                    # 当连接空闲时，是否执行连接测试
          test-on-borrow: false                    # 当从连接池中借用连接时,是否测试该连接
          test-on-return: false                    # 当连接归还到连接池时，是否测试该连接
          poolPreparedStatements: true
          maxPoolPreparedStatementPerConnectionSize: 20
          maxOpenPreparedStatements: 20
      druid:
        filters: stat,log4j                        # 配置监控统计拦截的 filters，去掉后监控界
                                                   # 面 SQL 无法统计，wall 用于防火墙，先关掉
        aop-patterns: "com.example.mybatis.dao.*"
        filter:
          stat:
            enabled: true
            db-type: mysql
            log-slow-sql: true
            slow-sql-millis: 1000
          slf4j:
            enabled: true
            statement-log-error-enabled: true
            statement-create-after-log-enabled: false
            statement-close-after-log-enabled: false
            result-set-open-after-log-enabled: false
            result-set-close-after-log-enabled: false
        stat-view-servlet:
          login-username: admin
          login-password: 123456
```

```
            enabled: true
            url-pattern: /druid/*
            allow:
            deny:
        use-global-data-source-stat: true
        web-stat-filter:
            url-pattern: /*
            exclusions: "*.js,*.gif,*.jpg,*.png,*.css,*.ico,/druid/*"
            enabled: true
            session-stat-enable: true
            session-stat-max-count: 100
        connection-properties:
druid.stat.mergeSql=true;druid.stat.slowSqlMillis=1000
```

　　配置了 Druid 监控后，可以直接访问配置好的 Druid 后台管理页面，输入配置的登录用户名和密码，可以看到如图 3.5 所示的页面。

图 3.5　Druid 监控页面

　　其中，SQL 监控功能可以监控 SQL 的执行状态，如图 3.6 所示。

执行数	执行时间	最慢	事务执行	错误数	更新行数	读取行数	执行中	最大并发
6	22	4	6		6			1

图 3.6　SQL 监控页面

　　URI 监控功能可以监控接口的请求状态，如图 3.7 所示。

请求次数	请求时间（和）	请求最慢（单次）	执行中	最大并发	Jdbc执行数	Jdbc出错数	Jdbc时间	事务提交数	事务回滚数	读取行数
4	274	79		1	34		94			30

图 3.7　URI 监控页面

3.1.4　Spring Boot 事务控制

　　在数据库操作多张表的时候，执行结果要么都成功，要么都失败，这就涉及数据库的事务控制。Spring Boot 提供对事务的控制，可以通过@Transactional 注解进行声明式事务管理。

　　@Transactional 可以设置以下 4 种事务隔离级别：

- @Transactional(isolation = Isolation.READ_UNCOMMITTED)：读未提交。
- @Transactional(isolation = Isolation.READ_COMMITTED)：读已提交。
- @Transactional(isolation = Isolation.REPEATABLE_READ)：可重复读。

- @Transactional(isolation = Isolation.SERIALIZABLE)：串行化。

@Transactional 可以声明以下 7 种事务传播行为：

- TransactionDefinition.PROPAGATION_REQUIRED：如果当前存在事务，则加入该事务；如果当前没有事务，则创建一个新的事务。
- TransactionDefinition.PROPAGATION_REQUIRES_NEW：创建一个新的事务，如果当前存在事务，则把当前事务挂起。
- TransactionDefinition.PROPAGATION_SUPPORTS：如果当前存在事务，则加入该事务；如果当前没有事务，则以非事务的方式继续运行。
- TransactionDefinition.PROPAGATION_NOT_SUPPORTED：以非事务的方式运行，如果当前存在事务，则把当前事务挂起。
- TransactionDefinition.PROPAGATION_NEVER：以非事务的方式运行，如果当前存在事务，则抛出异常。
- TransactionDefinition.PROPAGATION_MANDATORY：如果当前存在事务，则加入该事务；如果当前没有事务，则抛出异常。
- TransactionDefinition.PROPAGATION_NESTED：如果当前存在事务，则创建一个事务作为当前事务的嵌套事务来运行。

@Transactional(rollbackFor = ServiceErrorException.class)可以声明发生异常时进行回滚处理。还可以通过 AOP 方式对所有的 Service 服务类进行统一的事务管理。代码如下：

```java
import org.aspectj.lang.annotation.Aspect;
import org.springframework.aop.Advisor;
import org.springframework.aop.aspectj.AspectJExpressionPointcut;
import org.springframework.aop.support.DefaultPointcutAdvisor;
import org.springframework.beans.factory.annotation.Autowired;
import org.springframework.context.annotation.Bean;
import org.springframework.context.annotation.Configuration;
import org.springframework.transaction.TransactionDefinition;
import org.springframework.transaction.TransactionManager;
import org.springframework.transaction.interceptor.*;
import java.util.Collections;

@Aspect
@Configuration
public class TransactionAdviceAspect {
    private static final String AOP_POINTCUT_EXPRESSION = "execution
( public * com.test.example.service..*.*(..))";
    @Autowired
    private TransactionManager txManager;

    @Bean
    public TransactionInterceptor txAdvice() {
        RuleBasedTransactionAttribute required = new RuleBasedTransaction
Attribute();
        required.setRollbackRules(Collections.singletonList(new Rollback
RuleAttribute(Exception.class)));
        required.setPropagationBehavior(TransactionDefinition.PROPAGATION_
```

```
REQUIRED);
        required.setIsolationLevel(TransactionDefinition.ISOLATION_
REPEATABLE_READ);
        required.setReadOnly(false);

        DefaultTransactionAttribute support = new DefaultTransaction
Attribute();

        support.setPropagationBehavior(TransactionDefinition.PROPAGATION_
SUPPORTS);
        //设置为 true 时，只能查询，若增删改，则会发生异常
        support.setReadOnly(true);

        NameMatchTransactionAttributeSource source = new NameMatch
TransactionAttributeSource();
        source.addTransactionalMethod("insert*", required);
        source.addTransactionalMethod("add*", required);
        source.addTransactionalMethod("save*", required);
        source.addTransactionalMethod("create*", required);
        source.addTransactionalMethod("update*", required);
        source.addTransactionalMethod("change*", required);
        source.addTransactionalMethod("del*", required);
        source.addTransactionalMethod("remove*", required);

        source.addTransactionalMethod("get*", support);
        source.addTransactionalMethod("query*", support);
        source.addTransactionalMethod("list*", support);
        source.addTransactionalMethod("count*", support);
        TransactionInterceptor transactionInterceptor = new Transaction
Interceptor(txManager, source);
        return transactionInterceptor;
    }

    @Bean
    public Advisor txAdviceAdvisor() {
        AspectJExpressionPointcut pointcut = new AspectJExpression
Pointcut();
        pointcut.setExpression(AOP_POINTCUT_EXPRESSION);
        return new DefaultPointcutAdvisor(pointcut, txAdvice());
    }
}
```

3.2　分布式缓存

缓存是提高服务性能的一把利剑，尤其在高并发、高请求量的服务中对性能提升的效果明显。如果后端服务只靠关系型数据库提供支撑，系统会很快达到处理瓶颈。缓存设计无处不在，通常来说可以分为本地缓存与分布式缓存。本地缓存框架主要有 Guava Cache 和 Caffeine 等，它们利用本地服务器的内存来存储接口的返回数据。本地缓存有一定的局限性，多个进程间不能共享缓存，且缓存都是单机保存，不容易扩展，另外，本地机器宕

机后缓存不能持久化存储。分布式缓存可以解决本地缓存存在的问题，其缓存数据被集中存储并可以被后端服务共享访问。分布式缓存对缓存数据还可以进行副本存储，做到持久化存储。不过引入分布式缓存也会带来一些运维成本，以及数据不一致等问题。总体来说，分布式缓存可以提高服务的性能，减小后端服务的压力，收益大于成本。常用的分布式缓存组件有 Redis 和 Couchbase 等。本节主要介绍 Redis 组件。

3.2.1　分布式缓存之 Redis

Redis 是一个开源、基于内存的 Key-Value 缓存数据库。Redis 因其丰富的数据类型、高性能 I/O、串行执行命令和数据持久化等特性而流行。Redis 非常适合做分布式缓存数据库。Redis 有以下 5 种基本数据类型：

- String：字符串类型，是 Redis 中最常用的数据类型。Key 与 Value 都有一定的大小限制，如果太大会影响性能。字符串类型通常可以保存 sessionId 等信息，用于计算器、分布式锁和全局 ID 等类场景。
- Hash：哈希类型，类似于 Java 中的 HashMap 数据结构。哈希类型的底层数据结构有 ziplist 和 hashtable，当哈希类型的元素个数小于配置限制，以及值小于配置的限制时采用 ziplist 结构，否则使用 hashtable 结构。哈希类型通常可以保存一些配置信息，如某个活动 ID 的配置信息等。
- List：列表类型，其底层数据结构有 ziplist 和 linkedlist。列表类型通常用作消息队列来使用。
- Set：集合类型，其底层数据结构有 intset 和 hashtable。集合中的元素不能重复，通常用作一类数据的集合来存储，如社交媒体关注的"大 V"集合等。
- Sorted set：有序集合，其底层数据结构有 ziplist 和 skiplist。有序集合常用于有排序需求的场景，如按销量排序的商品和热搜榜等。

Redis 的其他数据类型如下：

- Bitmap：位图类型，主要按位存储，可以按位进行计算。位图类似于 BloomFilter，可以判断某个值是否存在这种使用场景。
- HyperLogLog：主要应用场景是进行基数统计。
- Geo：主要用于存储地理位置信息数据。

了解了 Redis 的一些数据结构类型，应针对具体的场景选用不同的数据类型来使用。Redis 虽然基于内存存储数据，但是也有持久化机制，将缓存数据持久化地存储到磁盘上。Redis 有两种持久化机制：RDB（Redis Data Base）和 AOF（Append Only File）。RDB 是每隔一定的时间对 Redis 进行快照然后存储下来。AOF 是将 Redis 的执行命令存储下来。相对来说，RDB 恢复数据更快，但是会丢失一定时间内的数据，而 AOF 只会丢失最后执行的几条执行命令，所以恢复的数据更全一些。当然新的版本已经有 RDB 和 AOF 两种混合的持久化方式。

Redis 在生产环境中的部署通常有几种模式：主从模式、哨兵模式和集群模式。主从模式可以是一主多从，写缓存通过主库来操作，从库同步主库的数据并用来读取数据。哨兵模式是为了高可用，用以监控主库，当主库宕机的时候，在从库中选择一个节点变为主库，这样可以避免主库宕机不能使用的情况。Redis 为了更好地扩展，提供了分片模式（即集群模式），即设置 16 384 个槽，对缓存 key 进行 hash 计算，根据 hash 值将缓存 key 分配到不同的槽与分片节点上。

Spring Boot 提供了对 Redis 的集成方法和 RedisTemplate 类，以完成 Redis 命令的执行。自动配置 RedisTemplate 的代码如下：

```java
public class RedisCacheConfiguration {

    /**
     * 配置Redis 连接工厂
     */
    @Bean
    public JedisConnectionFactory getJedisConnectionFactory(RedisConfig
Properties redisConfigProperties) {
        JedisConnectionFactory jedisConnectionFactory = null;
        try {
            RedisStandaloneConfiguration redisStandaloneConfiguration =
new RedisStandaloneConfiguration(redisConfigProperties.getHost(),
                    redisConfigProperties.getPort());

            redisStandaloneConfiguration.setPassword(redisConfigProperties.
getPassword());
            redisStandaloneConfiguration.setDatabase(redisConfigProperties.
getDatabase());
            jedisConnectionFactory = new JedisConnectionFactory
(redisStandaloneConfiguration);
            jedisConnectionFactory.getPoolConfig().setMaxTotal(50);
            jedisConnectionFactory.getPoolConfig().setMaxIdle(50);
            jedisConnectionFactory.getPoolConfig().setMaxWaitMillis
(redisConfigProperties.getTimeout());
        } catch (RedisConnectionFailureException e) {
            e.getMessage();
        }
        return jedisConnectionFactory;
    }

    @Bean(name = "redisTemplate")
    public RedisTemplate<String, Object> redisTemplate(JedisConnection
Factory redisConnectionFactory) {
        RedisTemplate<String, Object> redisTemplate = new RedisTemplate<>();
        redisTemplate.setConnectionFactory(redisConnectionFactory);
        Jackson2JsonRedisSerializer jackson2JsonRedisSerializer = new
Jackson2JsonRedisSerializer(Object.class);
        ObjectMapper objectMapper = new ObjectMapper();
        objectMapper.setVisibility(PropertyAccessor.ALL, JsonAutoDetect.
Visibility.ANY);
        objectMapper.activateDefaultTyping(LaissezFaireSubTypeValidator.
instance, ObjectMapper.DefaultTyping.NON_FINAL);
        jackson2JsonRedisSerializer.setObjectMapper(objectMapper);
        redisTemplate.setValueSerializer(jackson2JsonRedisSerializer);
```

```
        redisTemplate.setKeySerializer(new StringRedisSerializer());
        redisTemplate.setHashKeySerializer(new StringRedisSerializer());
        redisTemplate.afterPropertiesSet();
        return redisTemplate;
    }
}
```

3.2.2　分布式缓存更新策略

当数据更新的时候，需要同步更新缓存。缓存长时间没有更新，可以采用过期策略进行管理。总之，缓存是有生命周期的。缓存的更新策略是为了保证缓存数据与真实数据保持一致。但是在现实中始终存在时间差，这会造成数据不一致的问题。分布式缓存架构如图 3.8 所示。

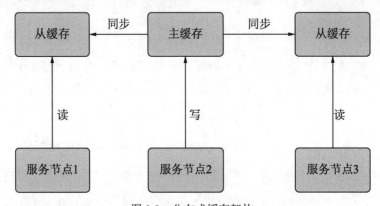

图 3.8　分布式缓存架构

缓存通过内存空间来换取响应时间，但内存是昂贵的，所以当缓存容量达到一定量级时需要删除缓存数据。分布式缓存的过期策略通常包括以下几种：

- LRU（Least Recently Used）：最近很长时间没有被使用的缓存会被删除。
- LFU（Less Frequently Used）：最近访问次数最少的会被删除。
- FIFO（First In First Out）：先进先出原则，最先进入的会被删除。

Redis 有以下 6 种内存淘汰策略：

- noeviction：不删除缓存，当达到内存限制时会引发报错。
- allkeys-lru：所有 key 采用 LRU 淘汰策略。
- volatile-lru：对设置了过期时间的 key 采用 LRU 淘汰策略。
- allkeys-random：对所有 key 采用随机淘汰策略。
- volatile-random：对设置了过期时间的 key 随机删除。
- volatile-ttl：在设置了过期时间的 key 中删除剩余时间短的那部分。

Redis 可以对 key 设置过期时间，它的过期策略有以下 2 种：

- 定期删除：Redis 间隔一定时间检查设置过期时间的 key，如果这些 key 过期就删除。
- 惰性删除：在获取 key 的时候先检测一下这个 key 是否设置了过期时间，是否已经过期，如果是，则不返回。

分布式缓存更新策略通常有以下几种：

- Cache Aside：接口查询时，首先查询缓存数据，如果有，则返回，如果没有，则查询数据库，然后将其存储到缓存中，如图 3.9 所示。接口更新时，先修改数据，然后直接删除缓存，如图 3.10 所示。

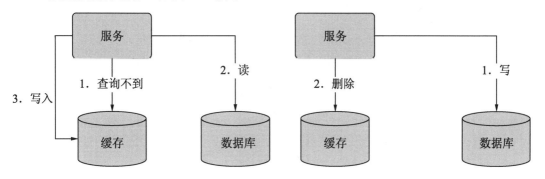

图 3.9 接口查询时   图 3.10 接口更新时

- Read/Write Through：缓存的操作逻辑由缓存代理来管理。
- Write Behind Caching Pattern：异步处理缓存，先更新缓存然后异步更新数据库。

引入缓存会造成数据不一致的问题。下面介绍两种情况下数据不一致的情况。其中一种情况是用于并发读写造成数据不一致，如图 3.11 所示。

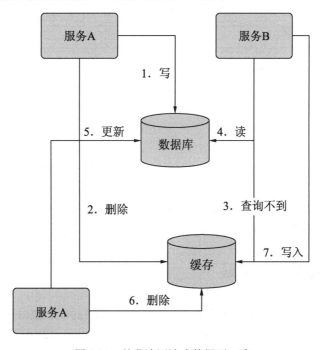

图 3.11 并发读写造成数据不一致

当服务 A 写入数据后，删除缓存，此时服务 B 读取数据，发现缓存失效，然后去数据库取数据，此时还未写入缓存，服务 A 又开始写入数据，并删除缓存，之后服务 B 写入之前数据到缓存，这样就造成了数据不一致的情况。缓存的数据与最新的数据库数据不一致。

另一种情况是由于数据库主从不同步而造成数据不一致，如图 3.12 所示。

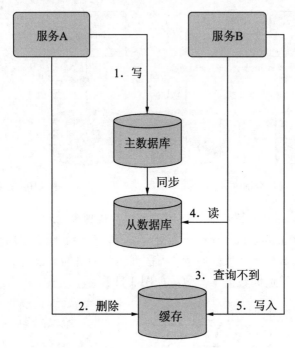

图 3.12　数据库主从不同步而造成数据不一致

当服务读写分离时，由于主数据库同步到从数据库的时间慢，从而导致写入缓存的数据还是从数据库的，这样就导致数据不一致的情况发生。

针对并发读写的情况，可以采用分布式锁机制，在一次写数据并删除缓存操作时进行加锁，其他线程不能访问数据库，这是串行化的解决方式。如果数据库主从不同步，可以使用延迟双删的策略，设置延迟时间再删一次，把从数据库中的数据缓存删除。还可以采用异步删除机制，通过数据库的操作记录发送消息，通过消息组件消费处理缓存。总之，应针对不同的应用场景，使用不同的策略来达到数据的一致性。

3.2.3　分布式缓存失效问题

一个良好的分布式缓存设计可以抵挡大部分请求穿透到后端数据库，但是当缓存突然失效时，大量请求就会穿透到后端数据库，短时间内大量并发请求有可能导致数据库内存或 CPU 负载飙升，最终造成服务不可用，所以在使用分布式缓存时需要考虑这些问题。下面主要从 3 个场景来描述缓存失效的问题：缓存穿透、缓存击穿和缓存雪崩。

- 缓存穿透：请求的数据不在缓存中，同时也不在数据库中，这样每次请求都会穿透到后端数据库，从而造成数据库承受大量的请求，这有可能会消耗完数据库连接而造成不可用的情况。针对这种情况，一个解决方案是直接缓存一个 null 值，来抵挡请求穿透到后端数据库。另一个解决方案是构建一个布隆过滤器，先判断数据是否在布隆过滤器中，若不在，则可以直接返回空。

- 缓存击穿：当一个 key 失效后，大量请求并发访问后端数据库，这会造成数据库瞬间访问压力增大，有可能崩溃。在这种情况下，通常访问一个热 key，当热 key 失效时，大量请求被穿透到后端数据库。针对热 key 的情况，一种解决方案是不设置过期时间，另一种解决方案是针对这种接口进行限流或加锁，限制请求大量地穿透到后端数据库。

- 缓存雪崩：当缓存数据在某一时刻大批量失效后，所有请求穿透到后端数据库，造成数据库宕机，最终导致服务不可用。一般而言，当缓存服务宕机或扩容时会发生这种情况。针对这种情况，需要对缓存服务进行高可用配置，扩容时做好分片处理，还可对请求进行限流。

引入缓存需要考虑数据不一致的问题。如果服务需要强一致性，则不能使用分布式缓存。所以，在使用分布式缓存时，需要根据具体场景制定更新策略。如果是比较重要的服务，又不想出现服务不可用的情形，则需要进行一些热 key 预加载，通过统计缓存的命中情况与使用率，扫描出热 key，从而在服务启动或单独使用缓存代理服务时，提前进行加载。

3.3 总　　结

本章主要讲解了分布式系统下的数据访问。首先讲解了 Spring Boot 集成 MyBatis-Plus 组件，以及如何自动生成 Mapper 和 Service 代码等相关知识，从而大大提升开发效率。然后讲解了 MyBatis-Plus 提供的很多插件，它们具有自动填充字段值等功能，接着还介绍了 Druid 连接池，以进行数据库监控，以及定位慢查询等。另外还介绍了 Spring Boot 框架提供的事务管理特性，通过 AOP 切面编程的方式统一管理事务。分布式缓存可以提升服务性能，抵挡大部分请求穿透到后端数据库，但是引入缓存的同时带来了其他问题，如何解决缓存失效的问题，需要开发者根据具体场景具体分析，本章对这些问题也做了详细讲解。

第2篇
分布式系统中间件实战

第 4 章　分布式事务与分布式锁

在分布式系统中，一个业务逻辑有可能涉及多个链路，每个链路都正确执行之后整个业务才算完成。例如，在订单业务中，用户下单支付时需要扣减红包和优惠券，支付成功后还需要处理减库存等多个业务逻辑。如果支付失败，需要把红包、优惠券等返还给用户。这种场景就需要用分布式事务来管理。分布式事务是对事务的一种扩展，它需要对分布在各个实例上的业务操作进行管理，以保证这些业务操作要么全部成功，要么全部失败。说得简单一些，分布式事务可以管理不同的数据库操作，并做到数据一致性。分布式锁是针对高并发场景下的写操作。当多个请求同时有写请求时，要保证数据不出错，就需要保证操作的互斥性。也就是说，同一时刻只能有一个写请求被处理。当同时有多个请求时，谁先获得锁，谁就可以先进行处理，而其他请求阻塞。本章主要介绍分布式系统下的分布式事务与分布式锁的原理。

4.1　分布式事务

传统的关系型数据库事务通常是在一个数据库中执行多条语句，多条语句要么全部执行成功，要么全部执行失败。相对于传统的数据库事务，分布式事务一般是跨数据库操作，多个数据库操作要么全部成功，要么全部失败。分布式事务通常有多种实现方式，本节重点讲解分布式事务的实现原理。

4.1.1　分布式事务简介

在互联网行业，一个业务的发展通常是从简单场景到复杂场景，其用户数量往往会发生从少到多的变化。当业务逻辑简单时，也许采用单数据库就能支撑起整个业务。但是随着用户量的增多，业务逻辑也变得复杂，此时需要对业务逻辑进行拆分，由单机系统变成分布式系统，对数据库进行分库和分表操作。还是以订单业务场景来说明，最开始业务场景简单，订单表、用户表、库存表都存在一个数据库中。随着数据量的增加，单个数据库已经不能支撑业务量的请求，这时就把单数据库拆分成订单库、用户库和库存库 3 个库。当用户下单后，需要操作订单库与库存库，且要保证操作的原子性，要么全部操作成功，否则全部失败而回滚，在这种场景下就诞生了分布式事务组件。分布式事务在本质上就是为了保证在分布式系统下数据操作的正确执行。

在分布式系统下，用户下单的流程如图 4.1 所示。

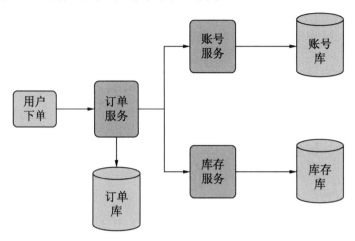

图 4.1　分布式系统用户下单的流程

传统的关系型数据库事务有以下 4 个特性：

- Atomicity（原子性）：一个事务中的操作要么全部成功，要么全部失败，没有中间状态。当事务执行失败后，数据会回滚到之前的状态。
- Consistency（一致性）：在事务开始执行前和执行后，数据库的完整性没有被破坏。
- Isolation（隔离性）：多个并发事务同时操作数据时，防止多个事务交叉执行而导致数据不一致。
- Durability（持久性）：当事务执行完毕后，对数据的修改是持久化的，不会造成数据的丢失。

分布式事务也需要遵循上述 ACID 特性。当前实现分布式事务有很多方案，如 2PC（二阶段提交）、3PC（三阶段提交）、TCC（补偿事务）和基于消息事务等。

- 2PC：基于 XA 协议的分布式事务方案。XA 协议包括事务管理器（TM）和本地资源管理器（RM）。本地资源管理器可以由 MySQL 数据库实现，事务管理器则作为一个全局的调度者。2PC 分为两个阶段，第一个阶段是准备阶段，事务协调者会向事务参与者本地资源管理器发送一个请求，让数据库去执行事务但不提交，而是把结果返回给事务协调者，如图 4.2 所示。当各个资源管理器准备好之后，开始进行第二阶段——提交阶段，如图 4.3 所示。2PC 方案有自身的缺点，首先它是强一致性的，所有的资源管理器是事务同步阻塞的，还有可能造成数据不一致，有的资源管理器收到提交命令提交了，有的可能没有收到提交命令而造成不一致。

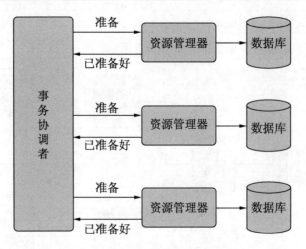

图 4.2　2PC 第一阶段——准备阶段

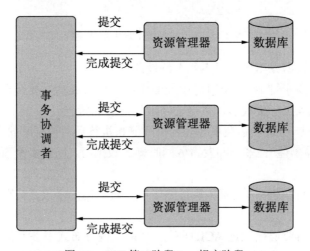

图 4.3　2PC 第二阶段——提交阶段

- 3PC：对 2PC 的一种改进方案，相对于 2PC 方案，它在参与者中引入了超时机制，而且新增了一个阶段，使参与者可以利用这一个阶段统一各自的状态。3PC 包括 3 个阶段：CanCommit（准备阶段）、PreCommit（预提交阶段）和 DoCommit（提交阶段）。其中 3PC 的 CanCommit 节点只是询问参与者状态，如图 4.4 所示。其第二阶段与第三阶段则与 2PC 的两阶段相同。
- TCC：一种补偿性事务，主要包括 Try、Confirm 和 Cancel 这 3 个阶段。Try 阶段是指尝试检查资源和预留资源，Confirm 阶段是指业务执行与提交，如果执行失败，则进行 Cancel 阶段，释放预留的资源。TCC 流程如图 4.5 所示。TCC 方案对业务侵入性很强，其开发逻辑更加复杂。
- 基于消息事务：实现分布式事务的方案，在 5.2 节中会详细介绍。

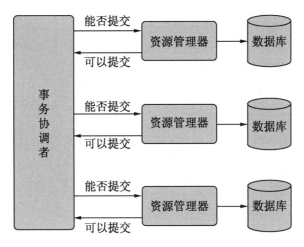

图 4.4　3PC 的第一阶段——咨询准备阶段

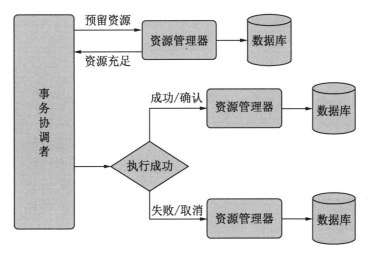

图 4.5　TCC 流程

4.1.2　分布式事务框架——Seata

Seata 是一款开源的分布式事务框架，它致力于提供高性能、简单和可靠的分布式事务服务。Seata 为用户提供了 4 种事务模式——XA、TCC、AT 与 SAGA，可以为用户打造一站式的分布式事务解决方案。Seata 框架主要有以下 3 个重要角色：

- TC（Transaction Coordinator）：事务协调者，主要维护全局和分支事务的状态，驱动全局事务提交或回滚。
- TM（Transaction Manager）：事务管理器，主要定义全局事务的范围，例如开始全局事务、提交或回滚全局事务。

- RM（Resource Manager）：资源管理器，用来管理分支事务处理的资源，与 TC 交互以注册分支事务和报告分支事务的状态，并驱动分支事务提交或回滚。

通常 Seata 框架的流程如图 4.6 所示。

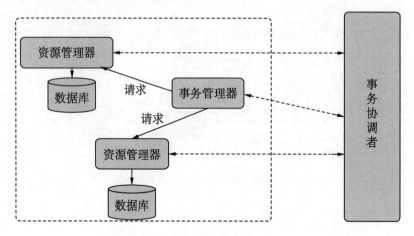

图 4.6　Seata 框架的流程

上面提到，Seata 提供了 4 种模式的分布式解决方案：

- XA 模式：也是二阶段提交方式。第一阶段，业务数据和回滚日志记录在同一个本地事务中提交，释放本地锁和连接资源。第二阶段，执行成功，提交异步化，非常快速地完成。执行失败，则回滚，通过第一阶段的回滚日志进行反向补偿。
- TCC 模式：也是一种第二阶段提交方式。第一阶段准备状态，第二阶段执行提交或回滚操作。
- AT 模式：在准备阶段事务协调者会向资源管理器发送一个请求，让数据库去执行事务，但执行完先不提交，然后把结果告知事务协调者。在执行阶段，事务协调者根据结果通知资源管理器回滚或者提交事务。
- SAGA 模式：Seata 组件提供的长事务解决方案。在 SAGA 模式中，业务流程中的每个参与者的资源管理器都提交本地事务，当出现某一个参与者失败时补偿前面已经成功的参与者，第一阶段的正向服务和第二阶段的补偿服务都由业务开发实现。

Seata 是一个独立的开源分布式事务组件。如果想要使用 Seata 组件，需要先从 Github 上（访问路径：https://github.com/seata/seata/releases）下载服务器软件包，将其解压后启动即可使用：

```
sh seata-server.sh -p 8091 -h 127.0.0.1 -m file
```

在项目中添加 Seata 依赖包，然后配置 Seata 信息，最后在业务方法上添加@Global Transactional 注解，即可开启全局事务。

4.2　分 布 式 锁

在单机系统中，如果要控制共享资源的访问，则需要设置线程级的锁。在 Java 编程框架中，可以通过 Lock 锁或 synchronize 关键字来给共享变量加锁，从而完成线程的同步操作。在分布式系统中，线程级别的锁会失效，这时需要分布式锁组件来处理多服务之间的并发操作。把分布式锁组件独立于服务之外，各个服务先要获得锁才能进行逻辑处理，其他服务阻塞等待，直到其他服务释放锁。

4.2.1　分布式锁简介

分布式锁通常要解决的是操作共享数据的问题。例如，一个电商平台进行秒杀活动，当大量用户共同抢购同一商品时，为了解决超卖问题就可以使用分布式锁，如图 4.7 所示。

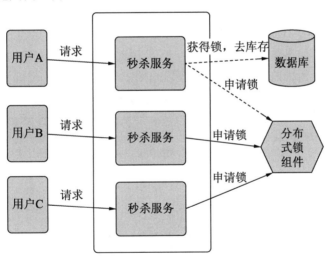

图 4.7　秒杀场景下分布式锁的使用

分布式锁适用的场景主要包括以下几种：

- 大量用户请求造成多线程并发的场景；
- 对共享资源有互斥关系的场景；
- 对共享资源有更新操作的场景。

一个分布式锁组件需要满足以下功能：

- 高可用地加锁与释放锁：分布式锁组件要做到高可用性，因为当一个服务获取锁时，其他服务会被阻塞，如果组件不稳定，就会造成服务无法释放锁，导致其他服务一直被阻塞。

- 高效地加锁与释放锁：在分布式系统下，访问量一般会非常大，对服务加锁，本身是把并行处理改成了串行处理，所以要高效地加锁和释放锁，尽量做到低延迟。
- 具备自动解锁机制：如果某个服务获取锁后，由于某些原因导致没有释放锁，那其他服务就会一直阻塞等待。所以需要有锁失效机制，如设置一定的过期时间，当达到过期时间后自动释放锁，而其他服务可以继续获取锁。
- 可重入机制：在一个服务中有可能需要多次获取锁，分布式锁组件需要具有线程级别的可重入机制，这样可以避免死锁的发生。
- 公平锁：这个特性可以按业务场景来使用，通常按服务请求的时间来获取锁，这样的锁称为公平锁。

4.2.2　用 Redisson 组件实现分布式锁

分布式锁的实现方式很多，有基于数据库的方式，也有基于 RedLock 的方式，还有基于 Zookeeper 的方式，Redisson 是一种可重入的锁。本小节介绍 Redisson 组件实现的分布式锁组件。

Redisson 的底层是基于 Redis 实现的。当有服务获取锁时，如果获取成功，则执行 Lua 脚本，更新 Redis；如果获取失败，则一直循环尝试获取。获取锁后，Redisson 会维护一个 watch dog 线程，用来监控服务是否执行完任务，如果没有执行完，则会延长锁的过期时间。Lua 脚本用来保持加锁和释放锁的原子性。Redisson 分布式锁的架构如图 4.8 所示。

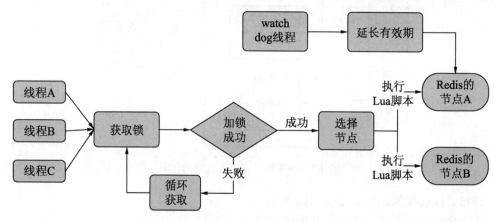

图 4.8　Redisson 分布式锁的架构

在 Spring Boot 项目中使用 Redisson 很方便，首先要在项目中添加依赖包。代码如下：

```
<dependency>
  <groupId>org.redisson</groupId>
  <artifactId>redisson-spring-boot-starter</artifactId>
</dependency>
```

然后新增配置文件 RedissonConfig.class，生成 Redisson 客户端。代码如下：

```java
package com.example.redisson.config;

import org.redisson.Redisson;
import org.redisson.api.RedissonClient;
import org.redisson.config.Config;
import org.springframework.beans.factory.annotation.Value;
import org.springframework.context.annotation.Bean;
import org.springframework.context.annotation.Configuration;

@Configuration
public class RedissonConfig {
    @Value("${redis.host}")
    private String host;

    @Value("${redis.port}")
    private String port;

    @Value("${redis.password:}")
    private String password;

    @Bean
    public RedissonClient redissonClient() {
        Config config = new Config();
        config.useSingleServer().setAddress("redis://" + host + ":" + port);
        config.useSingleServer().setPassword(password);
        return Redisson.create(config);
    }
}
```

下面是一个简单的使用示例：

```java
public String testRedisson() {
        RLock rlock = redissonClient.getLock(LOCK_KEY);
        try {
            rlock.tryLock(5, TimeUnit.SECONDS);        //获取锁，5s 延迟
            return "success";
        } catch (Exception e) {
            log.error("get lock error!", e);
        } finally {
            if (rlock != null && rlock.isHeldByCurrentThread()) {
                rlock.unlock();                        //释放锁
            }
        }
    }
```

4.3　总　　结

　　本章主要从分布式系统的数据一致性问题引出了分布式事务与分布式锁的相关知识。分布式事务可以解决多个服务之间业务逻辑数据的一致性问题。多个服务之间数据有关联时，要么全部执行成功，要么全部失败，通过分布式事务来协调多个服务之间的数据处理关系。在多并发场景下，同时修改共享资源的数据时需要采用分布式锁组件，以保证同一时刻只有一个服务获取锁，然后占有共享资源，处理完之后需要释放锁。分布式事务和分布式锁需要考虑在不同的场景下使用。

第 5 章　分布式消息中间件

如果两个服务业务耦合度不高的话，可以采用消息中间件的方式完成数据传递，从而实现业务功能。例如电商平台，当用户下单后，需要扣减库存、物流派单等任务，如果这些业务都放在一个接口逻辑里实现，接口处理时间会变长，导致性能下降。如果使用分布式消息中间件，当用户下订单后，分别下发订单消息给库存服务与物流服务进行处理，通过解耦的方式，这样就可以大大提升订单接口的处理效率。分布式消息中间件在开发中占有重要的地位。本章结合分布式消息中间件的原理与当下流行的开源中间件来讲解分布式消息中间件的相关知识。

5.1　分布式消息中间件概述

分布式消息中间件的主要功能是提供高效且可靠的消息传输机制，从而完成服务之间的数据传递，使服务之间耦合度降低。消息传递也是不同进程间的一种通信方式。通常使用消息中间件的场景，一般不需要实时地进行业务处理，而可以允许一定的延迟。当下有很多流行的消息中间件，如 ActiveMQ、RabbitMQ、Kafka 和 RocketMQ 等。

5.1.1　分布式消息中间件的设计原理

分布式消息中间件框架通常需要消息的生产者产生消息且将消息发送到消息队列，然后由消费者订阅消息，当收到消息后进行消费，其整体流程如图 5.1 所示。

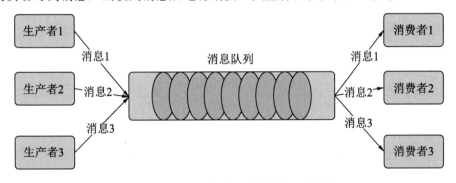

图 5.1　分布式消息中间件的整体工作流程

分布式消息中间件所做的工作就是接收消息，然后将其放入消息队列。为了保证可靠性，需要对消息进行存储，然后根据订阅者的订阅关系对消息进行分发。分布式消息中间件就是一个消息中转平台，用来保证消息的存储与正确消费。分布式消息中间件的设计需要考虑以下几个方面：

- 消息协议：常用的消息协议主要包括 AMQP（Advanced Message Queuing Protocol）、MQTT（Message Queuing Telemetry Transport）、OpenMessaging、OpenWire 和 Kafka 等。这几个协议的比较如表 5.1 所示。

表 5.1　协议比较

协　　议	开 源 组 件	特　　性
AMQP	RabbitMQ、ActiveMQ	支持事务与持久化
MQTT	RabbitMQ、ActiveMQ	简单，轻量级，不支持事务与持久化
OpenMessaging	RocketMQ	简单，支持事务与持久化
OpenWire	ActiveMQ	高性能，主要是ActiveMQ使用
Kafka	Kafka	简单，支持事务，支持持久化

- 消息持久化：作为消息中转平台，消息中间件需要考虑宕机的场景，即宕机后如何保证消息不丢失，这就需要考虑将消息进行持久化存储。持久化方式一般包括文件存储与数据库存储。当前中间件支持的消息持久化方式如表 5.2 所示。

表 5.2　消息持久化方式

开 源 组 件	持 久 化
ActiveMQ	文件存储和数据库存储
RabbitMQ	文件存储
RocketMQ	文件存储
Kafka	文件存储

- 消息分发：消息分发可以分为两种方式：一种是用分布式消息中间件进行主动推送，另一种是消费端主动拉取消息。这两种分发消息的机制都需要一定的策略。对消费端集群分发消息时需要设置轮询分发、公平分发和订阅发布。当消息发送失败时需要考虑重发机制，还需要考虑消费端主动拉取消息进行消费。开源中间件支持的消息分发策略如表 5.3 所示。

表 5.3　消息分发策略

消息分发策略	ActiveMQ	RabbitMQ	RocketMQ	Kafka
订阅消息	支持	支持	支持	支持
轮询分发	支持	支持	不支持	支持
公平分发	不支持	支持	不支持	支持

消息分发策略	ActiveMQ	RabbitMQ	RocketMQ	Kafka
重新发送	支持	支持	支持	不支持
主动拉取	不支持	支持	支持	支持

- 高可用设计（见图 5.2）：支持 Lambda 形式的调用，通过 Lambda 表达式，可以更加方便地编写各种查询条件。通常单机服务挂掉后，服务就变成不可用状态，如果提供主从（Master-Slave）方式，主库挂掉后，可以读取从库的数据。还有一种方式是多主集群（Broker-Cluster）部署方式，将消息分片存储在多个主库中。在实际生产环境中是主从与多主集群两种方式搭配使用。

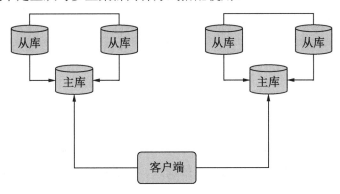

图 5.2　高可用设计

- 组件高可靠：消息中间件的可靠性主要指消息的可靠性，能够保证消息不丢失，即提供消息传输准确性的可靠保障。

5.1.2　分布式消息中间件的应用场景

分布式消息中间件的主要功能是完成跨平台的数据传递，可以实现异步逻辑处理。分布式消息中间件的主要应用场景包括消息通信、异步处理、服务解耦和流量削峰等。下面主要从这几个应用场景来进行介绍。

- 消息通信：分布式消息中间件的最基本功能，消息中间件提供消息队列，生产者发送的消息被存储到消息队列中，然后被消费者消费。常用的使用场景如监控报警平台，当某个服务发生异常时发送报警消息到消息队列，消费者通过订阅报警消息，接收消息以达到对服务监控的目的。
- 异步处理：在本章开始提到的一个例子中，用户在电商平台上购买一件商品后，需要处理的流程包括下订单、支付、减库存和通知物流。这里的每一个流程都可以单独处理，只需要把订单信息发送到每一个环节进行异步处理即可。

- 服务解耦：当一个系统集成度特别高的时候，需要考虑拆分与解耦，这时候消息中间件就是解耦的一把利器。例如订单与库存系统，通常来说下了订单需要减库存，该逻辑可以通过消息中间件来解耦，将服务拆分成订单系统与库存系统，通过消息来完成业务的集成。
- 流量削峰：通常用于瞬时流量突增的场景，如商品秒杀、新剧上映等。瞬时流量过大容易造成服务不可用，甚至宕机。消息中间件可以做到流量削峰，收到请求之后，把请求信息存储在消息队列中，下游服务可以均匀地进行消费，这样能保证下游服务的稳定性。流量削峰的原理如图 5.3 所示。

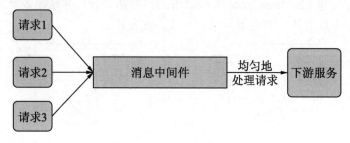

图 5.3　流量削峰的原理

- 日志处理：分布式系统需要收集各个实例的日志信息，通常由 Agent 收集日志，然后发送到 Kafka，接着拉取 Kafka 的消息，最后存储在 Elasticsearch 中。相关内容在后面的章节中会详细介绍。
- 延时处理：有一些场景需要进行延时处理，例如，下订单后需要等待一定的支付时间，如果在规定的时间内没有支付，则发送未支付订单的消息。

5.1.3　引入分布式消息中间件带来的问题

引入分布式消息中间件给开发者带来了许多好处，但同时也提高了系统的复杂度，带来了不可预知的问题。本节从消息的可靠性、顺序性、幂等性和消息积压几个方面进行分析。

- 可靠性：主要指保证消息不丢失。消息丢失包括生产者发送的消息丢失、消息中间件存储的消息丢失和消费者没有消费到消息这 3 个方面。通常消息发送会有 ACK 机制，发送消息后同时等待主 Broker 的确认，这种称为同步发送。另一种是当消息发送后不等主 Broker 确认就返回，属于异步发送。如果主 Broker 和从 Broker 都确认接收到消息，再返回则可以保证发送端的消息不丢失，但是发送效率会降低。在消息中间件存储消息的环节，只有一个主 Broker 存储消息，当主 Broker 宕机时，就会造成消息丢失，所以对每一个主 Broker 可以部署多个从 Broker，开启消息主从同步机制，从而对消息进行备份。最后是消费端，如果消费端接收到消息还没有处理完就宕机，为保证下次服务启动再次消费上一条记录，需要手动提交 Offset，以保证不丢失消息。

- 顺序性：在消费消息时如果需要保证顺序消费，则需要在发送时把相关的消息发送到同一个消息队列中进行存储。在消费的时候，一个线程消费一个队列的消息，这样可以保证消息消费的顺序性。
- 幂等性：主要涉及消息重复消费的问题。当消费端消费完消息，还没有提交 Offset 时发生宕机，下次启动服务则会重复消费消息。如果是扣款业务，重复消费则会出现一次购物多次扣款的情况，所以需要做到消息的幂等性。通常该逻辑需要业务来处理，比如通过全局唯一 ID 来记录已经处理完成的消息。
- 消息积压：消息如果出现积压，则说明消费端消费的速率低于发送端的发送速率，还有可能是消费端宕机了。如果消费端消费的速率赶不上发送速率，则可以适当地增加消费线程或者消费端服务。对消息中间件来说可以进行扩容，用增加 Broker 的方式来分散消息的存储。

上面提到的几点需要根据具体使用场景来分析，从发送端、中间层和消费端 3 个方面进行保障。

5.2　分布式消息中间件之 RocketMQ

RocketMQ 是阿里巴巴公司开源的一款消息中间件，初期主要用于异步通信、交易流程和数据管道等。随着交易数据的不断上升，RocketMQ 也不断改进，已经成为金融级可靠业务消息的首选方案，被广大互联网公司广泛使用。RocketMQ 架构简单，功能丰富，稳定强，支撑了历年"双十一"大促。本节主要讲解 RocketMQ 的一些基本知识与框架原理。

5.2.1　RocketMQ 的基本概念

RocketMQ 架构简单，主要包括 NameServer、Producer、Broker 和 Consumer 共 4 个部分，其总体架构如图 5.4 所示。

- NameServer：主要负责维护 Broker 的相关信息，它与各个 Broker 之间维持心跳检测，提供 Topic 与 Broker 的映射关系。NameServer 各自独立提供服务，它们是无状态的，可以集群部署，也可以横向扩展。当 Broker 启动时，会发送注册信息到 NameServer。无论是消息生产者还是消息消费者，都要先访问 NameServer 服务器，根据 Topic 查询对应的 Broker 信息，然后到 Broker 上进行发送或者拉取消息。
- Producer：消息的生产者，每一个业务方都可以作为生产者，消息通过 Producer 发送到 Broker。消息发送可以分为同步或异步发送。同步发送是指消息发送后需要等待 Broker 返回响应，然后继续发送。异步发送是指消息发送后不用等待 Broker 的响应就继续发送下一个消息。消息发送还可以进行延迟发送，发送失败后可以重试操作。

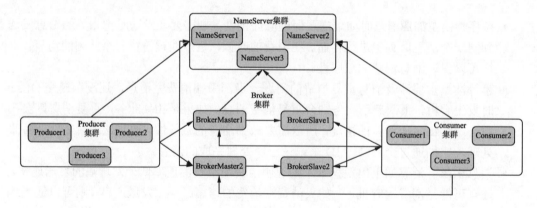

图 5.4　RocketMQ 的总体架构

- **Broker**：消息的中转站，负责消息的接收、存储与分发。Broker 就像一个邮局，生产者发送消息到 Broker 上，Broker 按 Topic 将消息存储在消息队列里，同时 Broker 会携带 Topic 信息发送心跳给 NameServer，也会推送消息或等待消费者来拉取消息。Broker 需要保证消息的可靠性与顺序性。

- **Consumer**：消息的消费方，消息可以是点对点的方式或广播方式。在获取消息时，可以分为 Push（推送）与 Pull（拉取）两种方式。Push 方式主要用于 Broker 主动推送给消费端。Pull 方式主要用于消费端主动去 Broker 拉取消息。

综上所述，Broker 在启动后会主动向所有的 NameServer 注册，然后保持心跳连接，每 30s 发送一次心跳。Producer 发送消息时需要先从 NameServer 获取 Broker 的真实地址，然后将消息发送到 Broker，Broker 作为中转中心保存消息。Consumer 消费消息时先从 NameServer 处根据 Topic 获取 Broker 的具体地址，然后主动拉取消息进行消费。

RocketMQ 消息传输模型主要包括点对点与发布订阅。点对点模型的每条消息会分别被不同的消费者消费，而发布订阅模型也称为广播模式，每个消费者会消费所有的消息。点对点模型如图 5.5 所示。

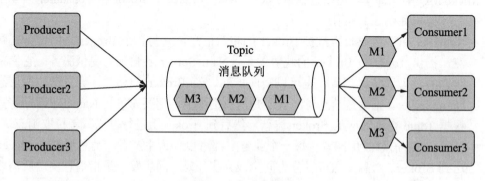

图 5.5　点对点模型

发布订阅模型如图 5.6 所示，消息会被每个消费者消费。

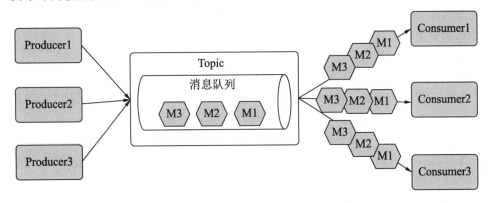

图 5.6　发布订阅模型

RocketMQ 的消息生命周期主要包括消息的生产、存储和消费 3 部分。消息的领域模型如图 5.7 所示。

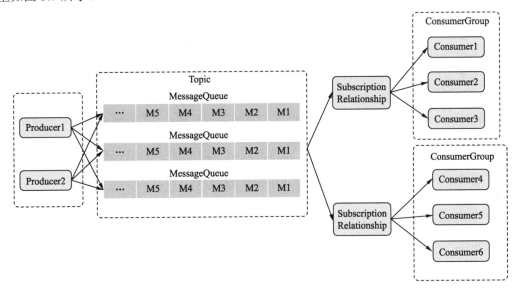

图 5.7　消息的领域模型

图 5.7 展示了多个 RocketMQ 的基本概念。要想熟练使用 RocketMQ，必须熟悉这些基本概念：

- Topic（主题）：RocketMQ 的消息传递和存储的顶层容器，可以区分同一类业务逻辑的消息。Topic 的主要作用包括：根据 Topic 将不同业务数据进行分类和隔离，根据 Topic 进行数据认证与权限管理。Topic 是一个逻辑概念，不是真正的消息存储容器。Topic 由多个消息队列组成，消息的存储也由消息队列实现。RocketMQ 在使用 Topic 时应当遵循类型统一的原则，相同业务领域内功能属性相同的消息应该划为同一个 Topic。拆分粒度需要考虑消息类型是否一致，消息业务是否关联，以及消息量级是否大体相当。以电商平台用户购买商品的场景为例，与订单相关的功能使用一个 Topic，与库存相关的功能使用一个 Topic，与物流相关的功能使用一个 Topic。

- MessageQueue（消息队列）：RocketMQ 存储和传输消息的实际容器是 MessageQueue，它的主要作用包括：保证消息存储的顺序性，可实现聚合读取或回溯读取等流式操作。因为队列本身具有顺序性，存在 FIFO（First Input First Output）的特性，所以一个队列里的消息具有顺序性。同时队列可以从任意点位读取消息，可以实现一些聚合操作。虽然消息按 Topic 来进行逻辑划分，但实际消息操作是面向队列的，生产者发送消息到某个队列中，消费者也是针对某个队列进行消费的。

- Message（消息）：RocketMQ 的数据载体和最小数据传输单元。在 RocketMQ 中，消息是不可变的，一旦产生消息，则内容不会发生变化。同时 RocketMQ 要对消息进行持久化存储，以防止消息丢失。消息类型包括 4 种：Normal（普通消息）、FIFO（顺序消息）、Delay（定时/延时消息）、Transaction（事务消息）。普通消息之间没有任何关联；顺序消息则通过 MessageGroup 标记一组特定消息的先后顺序；以保证投递时按照消息发送时的顺序进行；延时消息要在延迟一段时间后进行发送；事务消息是为了支持分布式事务在数据库更新和消息调用保持事务的一致性。消息本身的属性还包括消息 ID、索引 Key、过滤标签 Tag 等。当消息的消费失败时，还可以设置重新投递的次数。

- Producer（生产者）：用来创建和发送消息的运行实体，它通常被集成在业务系统中。消息发送可以分为单条发送或批量发送。一个生产者可以向多个 Topic 发送消息。

- ConsumerGroup（消费者分组）：用来在逻辑上划分消费行为一致的消费者，将多个消费者划分在一个组内，统一制定消费策略。

- Consumer（消费者）：用来接收消息并消费消息的运行实体。与 Producer 一样，Consumer 集成在业务系统中。Consumer 接收消息后转换为可理解的信息供业务逻辑处理。Consumer 需要关联一个 ConsumerGroup，然后通过监听器来接收消息，通过设置线程数来调整消息的消费速率。

- Subscription Relationship（订阅关系）：Subscription 表示 Consumer 接收消息和处理消息的规则与状态配置。Subscription 由 ConsumerGroup 注册到服务端系统，在消息传输中按照 Subscription 定义的过滤规则进行消息匹配。

5.2.2　RocketMQ 的特性

RocketMQ 作为一款流行的消息中间件，它提供了一系列特性功能。本节主要介绍以下几个特性。

- 定时/延时消息：不管是定时发送消息还是延迟发送消息，其原理都是一样的，都是根据消息设定的时间在某一固定时间投递消息给消费者。该时间是一个预期触发的系统时间戳，延长的时间也要转换为固定的时间戳，单位是 ms。通常定时消息可以作为调度任务来执行。

- 事务消息：RocketMQ 为实现分布式事务而实现的功能。事务消息实现的分布式事务流程如图 5.8 所示。

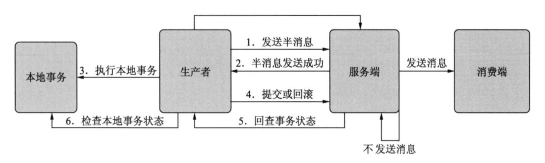

图 5.8　事务消息实现的分布式事务流程

在事务消息实现的分布式事务流程中：首先生产者发送消息到 Broker 服务端，成功之后会收到 ACK 的确认消息，此时称为半事务消息；然后生产者执行本地事务，本地事务执行的结果向 Broker 服务端提交二次确认（提交或回滚），如果服务端接收的是提交状态，则把半事务消息投递给消费端，如果是回滚状态，则不投递。在特殊情况下，服务端没有收到二次确认结果，则会回查本地事务的执行状态，再进行二次确认。

- 消息发送重试和流程控制机制：生产者发送消息给 RocketMQ 时，有可能会遇到网络故障或服务异常等原因而导致失败。为了保证消息的可靠性（消息不丢失），RocketMQ 会进行重试逻辑，尝试重试发送消息，具体的重试次数与重试间隔可以自己定义。
- 消息过滤：消息在消费时可以通过过滤规则只接收业务关心的消息。RocketMQ 支持两种过滤方式：Tag 标签过滤和 SQL 属性过滤。Tag 标签过滤是一种精准匹配方式，适合简单的场景。SQL 属性过滤则是通过 SQL 语法进行匹配，适合复杂场景。
- 消费重试：当消费者消费某条消息失败后，RocketMQ 会根据配置的重试策略进行重新消费。当超过设定的消费次数时，消息不会被再次发送，而是进入死信队列。

5.2.3　RocketMQ 实战案例

在 Spring Boot 项目中集成 RocketMQ 可以生成 Producer 客户端。首先要添加 RocketMQ 的配置信息：

```
rocketmq:
  nameServerAddr: localhost:9876
  topic: user
  producerGroup: user-test
```

初始化一个 Producer 客户端。代码如下：

```
package com.example.message.producer;

import lombok.Data;
import lombok.Getter;
import lombok.extern.slf4j.Slf4j;
import org.apache.rocketmq.client.exception.MQClientException;
import org.apache.rocketmq.client.producer.DefaultMQProducer;
import org.apache.rocketmq.client.producer.SendResult;
import org.apache.rocketmq.common.message.Message;
import org.springframework.beans.factory.annotation.Value;
import org.springframework.stereotype.Component;

import javax.annotation.PostConstruct;
import javax.annotation.PreDestroy;
import java.util.List;


@Data
@Slf4j
@Component
public class RocketMqProducer {
    @Getter
    private DefaultMQProducer defaultMQProducer;

    @Value("${rocketmq.producerGroup}")
    private String producerGroup;
    @Value("${rocketmq.nameServerAddr}")
    private String namesrvAddr;


    @PostConstruct
    public final void init() throws MQClientException {

        // 初始化
        defaultMQProducer = new DefaultMQProducer(producerGroup);
        defaultMQProducer.setNamesrvAddr(namesrvAddr);
        //设置同步发送失败时，重试次数为 10
        defaultMQProducer.setRetryTimesWhenSendFailed(10);
        defaultMQProducer.setSendLatencyFaultEnable(true);
        defaultMQProducer.start();
        log.info("RocketMQProducer start success!");
    }

    @PreDestroy
    private final void destroy() {
        defaultMQProducer.shutdown();
    }

    public SendResult send(List<Message> msgs) throws Exception {
        return this.defaultMQProducer.send(msgs);
    }


}
```

注入 Producer 客户端，然后进行消息发送。代码如下：

```
package com.example.message.producer;

import java.util.ArrayList;
import java.util.List;
import lombok.extern.slf4j.Slf4j;
import org.apache.rocketmq.client.producer.SendResult;
import org.apache.rocketmq.common.message.Message;
import org.springframework.beans.factory.annotation.Autowired;
import org.springframework.beans.factory.annotation.Value;
import org.springframework.stereotype.Service;

@Slf4j
@Service
public class MsgProducer {
    @Autowired
    private RocketMqProducer rocketMqProducer;

    @Value("${rocketmq.topic}")
    private String topic;

    public void sendMsg() {
        try {
            List<Message> msgs = new ArrayList<>();
            Message message = new Message(topic, "test", "RocketMQ test"
.getBytes("utf-8"));
            msgs.add(message);
            SendResult sendResult = rocketMqProducer.send(msgs);
        } catch (Exception e) {
            log.error("消息发送失败", e);
        }
    }
}
```

对于消费端来说，同样先配置 RocketMQ 的信息。代码如下：

```
rocketmq:
  nameServerAddr: localhost:9876
  topic: user
  consumerGroup: user-cg
```

生成 Consumer 客户端并监听消费。代码如下：

```
package com.example.message.consumer;

import lombok.extern.slf4j.Slf4j;
import org.apache.rocketmq.client.consumer.DefaultMQPushConsumer;
import org.apache.rocketmq.client.consumer.listener.ConsumeConcurrently
Status;
import org.apache.rocketmq.client.consumer.listener.MessageListener
Concurrently;
import org.apache.rocketmq.client.exception.MQClientException;
import org.apache.rocketmq.common.consumer.ConsumeFromWhere;
import org.apache.rocketmq.common.message.MessageExt;
import org.springframework.beans.factory.annotation.Value;
```

```java
import org.springframework.stereotype.Component;
import javax.annotation.PostConstruct;
import javax.annotation.PreDestroy;

@Slf4j
@Component
public class RockerMqConsumer {
    private DefaultMQPushConsumer defaultMQPushConsumer;

    @Value("${rocketmq.consumerGroup}")
    private String consumerGroup;

    @Value("${rocketmq.nameServerAddr}")
    private String namesrvAddr;

    @Value("${rocketmq.topic}")
    private String topic;

    @PostConstruct
    public final void init() throws MQClientException {
        defaultMQPushConsumer = new DefaultMQPushConsumer(consumerGroup);
        defaultMQPushConsumer.setNamesrvAddr(namesrvAddr);
        defaultMQPushConsumer.subscribe(topic, "test");
        defaultMQPushConsumer.setConsumeFromWhere(ConsumeFromWhere.
CONSUME_FROM_FIRST_OFFSET);
        defaultMQPushConsumer.setConsumeThreadMax(1);
        defaultMQPushConsumer.setConsumeThreadMin(1);
        defaultMQPushConsumer.setMaxReconsumeTimes(10);
        defaultMQPushConsumer.registerMessageListener((MessageListener
Concurrently) (msgs, context) -> {
            for (MessageExt msg : msgs) {
                try {
                    String result = new String(msg.getBody());
                } catch (Exception e) {
                    log.error("failed to process msg:{},Msg will be reconsume
later!", msg, e);
                    return ConsumeConcurrentlyStatus.RECONSUME_LATER;
                }
            }
            return ConsumeConcurrentlyStatus.CONSUME_SUCCESS;
        });
        defaultMQPushConsumer.start();
    }

    @PreDestroy
    public final void destroy() {
        defaultMQPushConsumer.shutdown();
    }
}
```

5.3　分布式消息中间件之 Kafka

Kafka 最早来源于 LinkedIn 公司，后来成为 Apache 的顶级开源项目。Kafka 用 Java 和 Scala 语言编写，在大数据领域被广泛应用。Kafka 是基于发布订阅方式的消息中间件，具有高吞吐量、可容错、可扩展、高可靠和低延迟等特性。同时，Kafka 还可以用于流式数据的分析，它与 Flink 和 Spark 等流式处理组件很容易集成。Kafka 可以达到每秒百万级的数据量处理，可以在指标采集和日志收集等相关场景下使用。本节主要讲解 Kafka 的基本概念与原理。

5.3.1　Kafka 的基本概念

Kafka 是一个基于发布订阅和可扩展的集群式的分布式消息中间件。它可以处理简单的消息传递，也可以处理实时的流式数据。它基于分区多副本部署，可以防止数据丢失。与 RocketMQ 一样，它可以做到业务解耦、异步处理和流量削峰等。Kafka 的整体架构如图 5.9 所示。

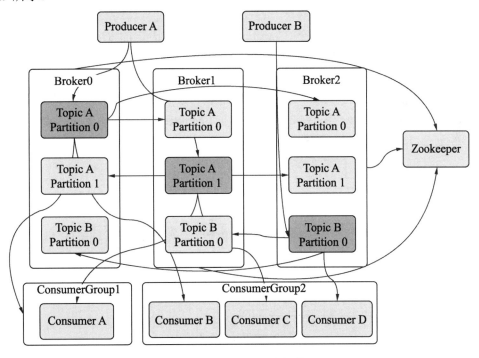

图 5.9　Kafka 的整体架构

从图 5.9 可以看到，Kafka 的整体架构包括以下几个部分：

- Producer：消息生产者，负责将消息发送到 Broker 上，通常集成在业务系统中。发送消息时可以打包批量发送，同时对数据进行压缩，以提高发送效率。
- Broker：与 RocketMQ 一样，Broker 是消息中间件所在的服务端。一个 Kafka 集群由多个 Broker 组成。Broker 之间还可以相互进行备份。Broker 主要用来接收消息，然后存储并等待消息被消费。
- Topic：从逻辑上对消息进行划分，同一个 Topic 的消息被存储在一个或多个 Broker 上，发送消息时只需要指定 Topic，即可发送到相关的 Broker 上。Topic 是由多个队列组成的。
- Partition（分区）：物理上的概念，一个 Topic 可以分为多个 Partition，由多个 log 文件来存储，消息会被追加到 log 文件的尾部。因为消息存储在文件中，但是文件是有上限的，所以采用分区的方式把消息分布存储在不同的 Partition 上，也可以达到负载均衡的目的。
- Replication（副本）：在 Broker 集群中，Broker 分为 Leader 角色和 Follower 角色，Follower 同步 Leader 的消息，这种副本机制可以保证当集群中 Leader 发生故障时，可以立刻在 Follower 中选举新的 Leader，这样能保证 Kafka 继续工作。
- Consumer：消息的消费端，它从 Kafka 的 Broker 拉取消息进行消费。Kafka 的消费模式采用 Pull 的方式。
- ConsumerGroup：通常每个 Consumer 属于一个特定的 ConsumerGroup，每个 ConsumerGroup 内的 Consumer 不能同时消费同一个 Partition。
- Offset（偏移量）：Topic 是逻辑概念，对应多个 Partition，Partition 下的消息按文件来存储，文件存储是按顺序追加的，每追加一条消息会分配一个单调递增的编号，这个编号称为 Offset。Kafka 的底层存储按 Segment 对应磁盘上的日志文件和索引文件进行，Kafka 采用了稀疏索引的方式来定位消息。Offset 的写入流程如图 5.10 所示。

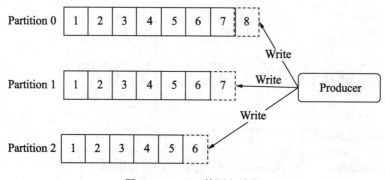

图 5.10　Offset 的写入流程

消费端在消费程序时，不同的 Offset 记录如图 5.11 所示。

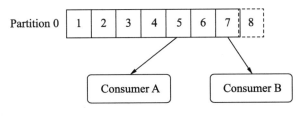

图 5.11　Offset 记录

在早期的版本中，Kafka 通过 Zookeeper 来维护和协调 Broker 的选举等工作。但是在 2.8.0 版本以后 Kafka 去除了对 Zookeeper 的依赖，新版本依赖 KRaft 模式。Kafka 的整体流程也是先通过 Producer 发送消息到 Broker 服务端，将消息根据 Topic 存储在 Partition 的 log 文件中。Broker 都有自己的 Replication，ConsumerGroup 中的 Consumer 拉取 Broker 上的消息进行消费。

在消息发送端，消息先经过拦截器、序列化器和分区器，然后将其批量发送到指定的 Topic 上。消息发送流程如图 5.12 所示。

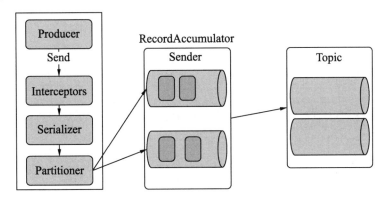

图 5.12　消息发送流程

Kafka 以高效、速度快著称，在消息发送端可以批量发送，存储消息时以分布式方式进行，还可以顺序追加文件，以及以零复制技术发送消息，这些都提高了 Kafka 的效率。

5.3.2　Kafka 实战案例

Spring Boot 框架集成了 Kafka。使用 Kafka，需要先在自己的项目中添加对 Kafka 的依赖：

```
<dependency>
    <groupId>org.springframework.kafka</groupId>
    <artifactId>spring-kafka</artifactId>
</dependency>
```

在 application.yml 配置文件中添加 Kafka 的相关配置信息，代码如下：

```yaml
spring:
  kafka:
    bootstrap-servers: localhost:9092
      producer:
        #序列化
        key-serializer: org.apache.kafka.common.serialization.
IntegerSerializer
        value-serializer: org.apache.kafka.common.serialization.
StringSerializer
        batch-size: 65536
      consumer:
        #反序列化
        key-deserializer: org.apache.kafka.common.serialization.
IntegerDeserializer
        value-deserializer: org.apache.kafka.common.serialization.
StringDeserializer
        group-id: kafka-test
        auto-offset-reset: earliest
```

编写一个发送接口，代码如下：

```java
package com.example.message.controller;

import org.apache.kafka.clients.producer.RecordMetadata;
import org.springframework.beans.factory.annotation.Autowired;
import org.springframework.kafka.core.KafkaTemplate;
import org.springframework.kafka.support.SendResult;
import org.springframework.util.concurrent.ListenableFuture;
import org.springframework.web.bind.annotation.RequestMapping;
import org.springframework.web.bind.annotation.RestController;
import lombok.extern.slf4j.Slf4j;

@Slf4j
@RestController
@RequestMapping("/kafka")
public class KafkaSyncProducerController {
    @Autowired
    private KafkaTemplate<Integer, String> template;

    @RequestMapping("/send")
    public String send(String massage) {
        final ListenableFuture<SendResult<Integer, String>> future =
this.template.send("user", 0, 1, massage);
        try {
            final SendResult<Integer, String> sendResult = future.get();
            final RecordMetadata metadata = sendResult.getRecordMetadata();
            log.info("send success");

        } catch (Exception e) {
            log.error("send failed!",e);
        }
        return "success";
    }

}
```

消费端的代码如下：

```
package com.example.message.consumer;

import org.apache.kafka.clients.consumer.ConsumerRecord;
import org.springframework.kafka.annotation.KafkaListener;
import org.springframework.stereotype.Component;
import lombok.extern.slf4j.Slf4j;

@Slf4j
@Component
public class KafkaConsumer {
    @KafkaListener(topics = "user")
    public void onMassage(ConsumerRecord<Integer, String> record) {
        log.info("接收到消息: "+record.value());
    }
}
```

5.4　总　　结

　　本章主要讲解消息中间件的原理与使用场景，以及当下比较流行的开源中间件 RocketMQ 与 Kafka。消息中间件主要用于跨系统数据传递、异步处理和流量削峰等场景，对复杂应用系统进行业务解耦。但是引入消息中间件的同时也带来了额外的开发成本，所以在使用时需要考虑真实的使用环境。RocketMQ 组件是阿里巴巴集团开源的一款消息组件，经历了历年"双十一"大促活动，其架构简单，稳定可靠，被互联网公司广泛使用。随着大数据时代的到来，Kafka 因其高吞吐量的性能优势被广泛采用。在实际的开发过程中，这两个中间件可以根据具体场景选择使用。

第 6 章　分布式系统服务治理

分布式系统具有服务多、调用链层级深等特性，导致服务的管理变得异常复杂。所以，服务治理是分布式系统中非常重要的一环。首先，在同一时刻有大量请求，要保证服务的可用性，此时需要对请求进行限流，否则会被大量请求冲击而导致服务不可用。当访问下游服务时，如果服务不可用，就需要做降级处理。其次，大量服务分散在各个服务器上，为了做到统一管理，就需要统一的服务注册与发现平台。如果有频繁修改配置的场景，则抽取配置到服务配置中心，这样修改配置时服务可以做到无感知。最后，对多个服务提供统一的入口，就需要有业务网关。在定位线上问题时，需要全链路调用信息，则需要全链路追踪系统来展示调用详情。总之，服务变得越来越庞大时，需要统一的治理，以保障各个链路万无一失，这样才能提高服务的可用性。本章主要围绕上面提到的各个环节展开，介绍服务治理的相关知识。

6.1　服务限流与降级

在互联网电商平台中，商品秒杀活动是比较常见的场景。在秒杀活动开始之前服务访问比较正常，但当秒杀活动开始之后，大量的请求穿透到后端服务，此时即使扩容机器也不能保证服务的可用性，因为用户的访问数量难以估计。像阿里巴巴和京东这种大型电商平台，在"双十一"和"6·18"大促时，对服务进行限流是不可忽略的保障工作。

通常来说，每个服务处理请求的能力都有一个极限值，当超过极限值且不对流量进行限制时，有可能造成服务不可用，甚至宕机，从而引发连锁反应，造成无法挽回的损失。限流和降级主要是牺牲一部分请求，让服务稳定地处理其他请求，以达到服务稳定和可用。限流的本质就是防止大量请求穿透到后端服务，而对访问进行限制，并对流量整形。当请求到达设置的限制时，可以直接拒绝请求或者对请求进行降级操作。本节主要介绍限流算法和当下较流行的限流组件。

6.1.1　限流算法

可以根据多种条件对访问进行限制，例如根据并发数量或者访问速率进行限制。根据并发数限制，是通过限制连接池中的最大连接数来限制访问。根据访问速率限制是设置最大的 QPS 数来限制请求。当然也有其他方式，根据系统负载和 CPU 等条件来限制请求。在实际使用中，设置 QPS 数对请求进行限制的方式更为简单和方便。通常限流算法主要有漏桶算法、令牌桶算法、固定时间窗口算法与滑动时间窗口算法等几种。

1．漏桶算法

漏桶算法的实现原理是先假定有一个固定容量的漏桶，所有的请求都必须先经过这个漏桶。假定从漏桶里流出的水的速率是固定的，当进来的请求速率大于漏桶固定流出的速率时，则请求数量很快就会超过漏桶的固定容量，超过的请求就会被阻塞或者直接被抛弃，直到漏桶有能力再次接收新的请求。漏桶算法的实现原理如图 6.1 所示。

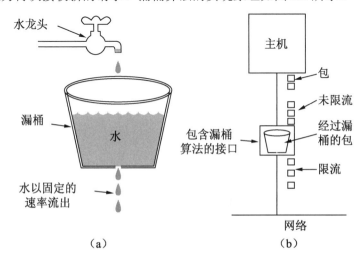

图 6.1　漏桶算法的实现原理

2．令牌桶算法

令牌（Token）桶算法首先也是要有一个固定容量的漏桶，另外还有一个程序以固定的速率往漏桶里加入令牌。当发送的令牌超出漏桶的容量时，则抛弃令牌。如果请求到来时，先尝试获取令牌，如果获取令牌，则进行后续处理，否则就拒绝或阻塞等待这次请求。令牌桶算法的实现原理如图 6.2 所示。

基于令牌桶算法实现的框架主要有 Google 公司开源的 Guava RateLimiter。下面是一个简单的示例。

首先在自己的工程中添加依赖包：

```
<dependency>
  <groupId>com.google.guava</groupId>
  <artifactId>guava</artifactId>
  <version>30.0-jre</version>
</dependency>
```

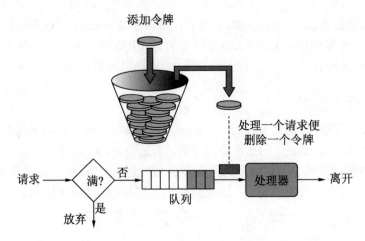

图 6.2　令牌桶算法的实现原理

然后新建一个服务类，类名为 GuavaRateLimitService.java，对请求的限制访问数量是
200。代码如下：

```
@Service
public class GuavaRateLimitService {
    //限流
    private RateLimiter rateLimiter = RateLimiter.create(200.0);
    public boolean tryAcquire(){
        return rateLimiter.tryAcquire();
    }
}
```

在接口请求时添加限流措施，请求到达时需要先判断能否获取令牌，如果能够获取，
则进行后续处理，否则直接返回。具体代码如下：

```
@GetMapping("/springBoot")
public String hi(){
    if(guavaRateLimitService.tryAcquire()){
        return "guava rate limit example!";
    }else {                                              //限流后返回
        return "request rateLimit!";
    }
}
```

3．固定时间窗口算法

固定时间窗口算法也称为计数器算法，是指统计一段时间内的请求数量，当累计数量
超过设定的最大临界值时，后续的请求被拒绝或阻塞。在下一个时间段内，计数器又开始
重新计数。固定时间窗口算法的实现比较简单，但是该算法的缺陷也非常明显，例如在两
个时间段的临界点处，大量请求被分在两个时间段内统计，这样就没法做到限流。

4．滑动时间窗口算法

滑动时间窗口算法是为了优化固定时间窗口算法而诞生的，该算法会把一段时间进行 N 等分，统计每一个 $1/N$ 时间段内的请求数。每次只滑动 $1/N$ 的时间窗口来统计，分割的时间窗口越多，则统计的数据越精准，整体的限流就越平滑。

对以上 4 种常用限流算法做一个比较，具体结果如表 6.1 所示。

表 6.1　限流算法比较

算　　法	主　要　参　数	特　　点
漏桶算法	流出速率、漏桶容量	有突发流量的问题
令牌桶算法	令牌产生的速率、漏桶容量	启动需要一定的生产令牌的时间
固定时间窗口算法	窗口周期、最大访问	有临界突变的问题
滑动时间窗口算法	窗口周期、最大访问	平滑限流

6.1.2　分布式限流组件

6.1.1 小节介绍的限流算法可以基于本地服务进行。但是在分布式系统中，通常一个服务对应后端的多个实例，需要对多个实例统一进行限流，这时就需要分布式限流组件。Sentinel 组件是阿里巴巴公司开源的一款专门面向分布式系统服务的限流和熔断组件。它以系统流量作为切入点，为分布式服务提供流量控制、熔断降级和保护系统负载等功能，从而为分布式系统的稳定提供保障。

Sentinel 组件诞生于 2012 年，它在阿里巴巴公司内部首先得到了广泛使用，并在 2018 年进行开源，现在有支持多种语言的版本。Sentinel 组件多次在"双十一"大促活动中发挥了重大作用，并且提供了完善的监控。它可以通过控制面板来配置与规则，与 Spring Boot 框架的集成也很方便。在 Sentinel 组件中最重要的两个概念是资源与规则，Sentinel 要保护的就是资源。资源可以是程序中的任何内容，如服务的一个接口、一段代码和一个方法等。规则包括限流规则和熔断降级规则等。

Sentinel 组件已经发展多年，主要提供以下几个功能：

- 限流：服务处理请求的能力是有限制的，Sentinel 可以根据服务的处理能力对请求流量进行限制。Sentinel 主要统计资源的调用关系，监控系统运行指标（如 QPS、线程池和系统负载），配置限流规则（如直接限流、Warm Up 和排队），几个方面组合搭配，以达到限流的目的。

- 服务降级：在分布式系统中，多个服务之间调用关系复杂，如果其中的某一个依赖服务出现不稳定，就有可能会引发级联故障。当某个服务请求的响应时间长或异常比例上升时，就需要对这个资源进行熔断，让请求快速失败，从而避免出现级联故障。Sentinel 组件有两种方式进行熔断处理：一是控制并发线程数，当线程数在某个特定依赖资源上堆积到一定数量后，直接对新的请求进行拒绝；二是通过响应时间来进行降级，当某个依赖的资源出现响应时间过长时，则对资源的访问进行拒绝。

- 系统自适应保护：Sentinel 还可以提供系统维度的自适应保护能力。当服务负载较高时，如果还有请求访问，有可能导致系统无法响应。Sentinel 组件可以提供保护机制，让服务的入口流量和服务的负载达到平衡，以保证服务在能力范围之内处理最多的请求。

Sentinel 组件的限制规则可以分为流量控制规则、熔断降级规则、系统保护规则、来源访问规则、热点参数规则等。限制规则的主要参数包括限流阈值、限流类型、熔断策略、慢调用比例阈值、入口流量最大并发数和当前 CPU 的使用率等。

Sentinel 组件的核心概念是资源（Resource），该组件针对每个资源对象创建一系列插槽（Slot），不同的插槽有不同的作用。下面列举一些常用的插槽进行说明。

- NodeSelectorSlot：主要用于收集资源路径，并把调用路径以树状结构存储起来，最终根据这些调用路径来做限流降级。
- ClusterBuilderSlot：主要用于存储资源的统计信息和调用者信息，如响应时间、QPS和并发线程数等，这些统计信息将作为限流与降级的依据。
- StatisticSlot：主要用于统计运行时指标的监控信息。
- FlowSlot：根据制定的限流规则及前面插槽统计的信息来做限流。主要包括直接拒绝、Warm Up 和匀速排队 3 种方式。如果采用直接拒绝的方式，则会抛出 FlowException异常。Warm Up 是预热或冷启动方式，会有一个缓慢增加的过程，最终达到阈值的上限，给服务一个预热时间，避免被瞬时流量压垮。匀速排队利用漏桶算法进行限流。
- AuthoritySlot：根据后台配置的黑白名单和调用来源信息来进行黑名单和白名单控制。
- DegradeSlot：根据后台配置的降级规则和统计信息做熔断降级。主要分为慢调用比例、异常比例和异常数等策略。采用慢调用比例策略，是将此比例作为阈值，同时设置慢调用响应时间值，当达到阈值时自动熔断，经过熔断时长后进入探测恢复状态。异常比例策略则是按照服务出现的异常比例来进行熔断。异常数策略则是直接统计异常数量超过阈值而进行熔断。
- SystemSlot：根据服务的状态来控制总的入口流量。

Sentinel 的运行原理如图 6.3 所示，它的整个流程就是各种插槽串行处理的过程。

Sentinel 为开发者提供了后台管理页面，以及提供服务发现、健康检测和规则配置等功能。要使用 Sentinel 组件，首先需要通过 Github 下载工程或者执行下载的 JAR 包，然后在本地运行启动命令：

```
java -Dserver.port=8080 -Dcsp.sentinel.dashboard.server=localhost:8080
-Dproject.name=sentinel-dashboard -jar sentinel-dashboard.jar
```

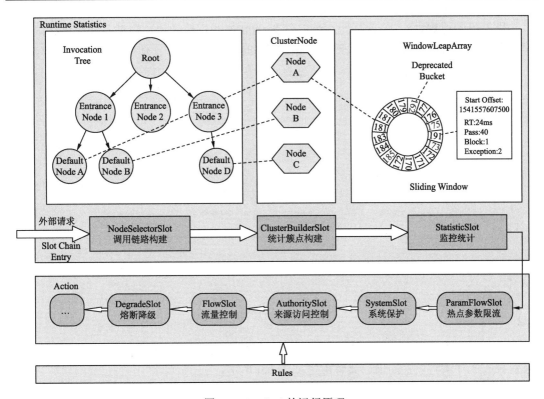

图 6.3　Sentinel 的运行原理

启动后访问管理页面地址 http://localhost:8080，需要登录进入，默认用户名与密码都是 sentinel。登录进入后台管理页面后可以看到左侧的工具栏菜单，主要包括实时监控、簇点链路、流控规则、降级规则、热点规则、系统规则、授权规则、集群流控和机器列表等，如图 6.4 所示。

图 6.4　控制台工具栏

　　进入"流控规则"配置页面，可以设置 QPS 或线程数阈值，根据此阈值进行限流，同时可以选择流控效果：快速失败、Warm Up 和排队等待等。具体配置如图 6.5 所示。

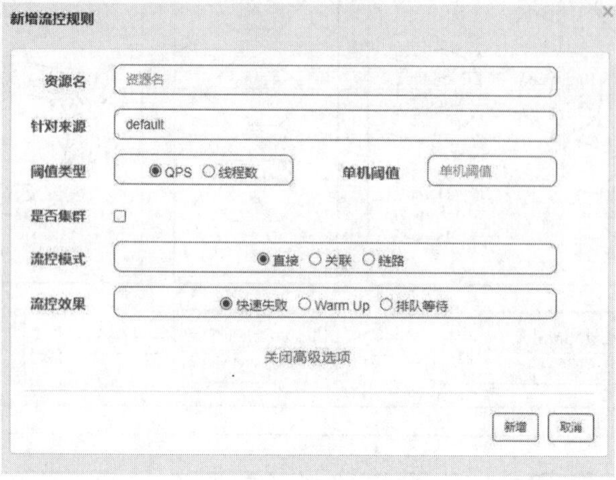

图 6.5　流控规则配置

　　进入"降级规则"配置页面，可以选择的降级策略有 RT、异常比例和异常数 3 种，分别对应 3 种策略设置阈值。具体配置如图 6.6 所示。

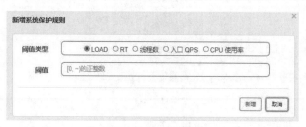

图 6.6　降级规则配置

　　进入"系统规则"配置页面，可以选择 LOAD、RT、线程数、入口 QPS 和 CPU 使用率等，并设置阈值，对系统进行自适应保护配置。具体配置如图 6.7 所示。

图 6.7　系统规则配置

Sentinel 提供对 Spring Cloud 框架的整合，使用非常方便。使用前添加依赖包，然后新建 bootstrap.yml 配置文件，配置 Sentinel 控制台。代码如下：

```
spring:
  cloud:
    sentinel:
      enabled: true
      transport:
        dashboard: localhost:8080
```

因为 Sentinel 通过切面编程的方式进行限流，所以需要配置 SentinelResourceAspect 类。代码如下：

```
@Configuration
public class SentinelConfig {
    @Bean
    public SentinelResourceAspect sentinelResourceAspect() {
        return new SentinelResourceAspect();
    }
}
```

最后，使用注解@SentinelResource 来定义要限流的资源，通常是对服务接口进行限流降级。@SentinelResource 注解包含多个属性，下面 3 个属性是比较重要的：

- value：定义资源名称。
- blockHandler/blockHandlerClass：限流方法与类。
- fallback/fallbackClass：熔断方法与类。

6.2　配 置 中 心

开发一个 Spring Boot 项目，开发者通常会把配置信息放到 application.yml 文件中，然后打包部署。但是有一些场景，配置信息有可能随时变化或者因数据库迁移等导致配置文件需要更新。当配置有变化而需要更新时，开发人员需要重新修改文件并打包部署。在分布式系统中，有可能需要进行大量修改并重新上线，这样操作会变得很复杂。如果此时有一个统一的配置中心管理平台，此平台可以区分环境和项目等需要进行管理和配置的信息，那么当需要修改这些信息时可以动态下发配置，且实时生效，并支持灰度和回滚操作，可以大大简化开发者的工作难度。而且可以抽取配置信息到配置中心，将配置修改与服务发布解耦，这样可以提升运维效率。

6.2.1　配置中心之 Apollo

Apollo（阿波罗）组件是携程公司开源的一款分布式配置管理平台，可以管理不同环境下多个应用的配置信息。Apollo 提供权限管理和发布流程管理，适用于各种需要配置的场景。它支持按应用（Application）、环境（Environment）、集群（Cluster）和命名空间

（Namespace）这 4 个维护进行配置，配置的数据修改后可以实时推送到服务端，还支持回滚操作。综上所述，Apollo 有以下几个特性：

- 提供统一的管理页面，可以管理不同环境与集群的配置信息。
- 修改配置后，下发配置可以实时生效。
- 可以进行灰度发布，也可以进行回滚。
- 对配置信息进行权限管理，并对不同用户进行隔离。

如图 6.8 所示，Apollo 的整体架构可以分为以下几个部分：

- 配置服务（Config Service）：主要为 Apollo 客户端提供读取和推送配置数据的功能。
- 后台管理页面（Admin Service）：提供统一的管理页面，以及创建、修改和发布配置数据的功能等。
- 服务注册发现（Eureka）：集成 Spring Cloud 家族的组件 Eureka，主要提供服务注册与发现功能。
- 元数据服务（Meta Server）：封装 Eureka 的服务发现接口。

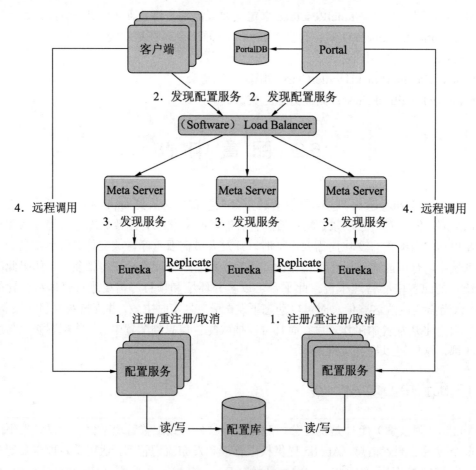

图 6.8　Apollo 的整体架构

配置服务启动后会注册到 Eureka 上，客户端通过元数据服务发现配置服务，然后客户端就可以访问配置服务，从而获取配置信息。

图 6.9 展示了 Apollo 的配置下发流程：客户端和服务端维持长连接，当用户在后台管理页面发布配置信息时会主动将信息推送到客户端，即便没有更新客户端，也会定时拉取配置信息，客户端会在内存中缓存一份配置信息，也会在本地磁盘文件中缓存一份配置信息。

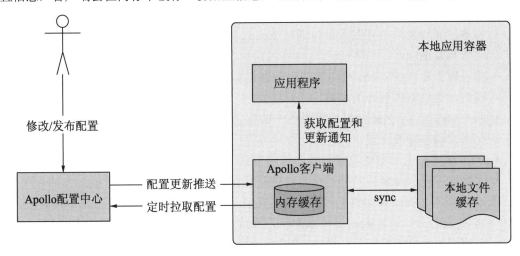

图 6.9　Apollo 的配置下发流程

想要搭建 Apollo 配置管理平台，首先需要下载源码到本地（源码地址：https://github.com/nobodyiam/apollo-build-scripts.git），然后在本地数据库中执行相关 SQL 语句，并修改工程中的配置文件，从而配置本地数据库地址。配置信息如下：

```
apollo_config_db_url=jdbc:mysql://localhost:3306/ApolloConfigDB?
characterEncoding=utf8
apollo_config_db_username=用户名
apollo_config_db_password=密码

apollo_portal_db_url=jdbc:mysql://localhost:3306/ApolloPortalDB?
characterEncoding=utf8
apollo_portal_db_username=用户名
apollo_portal_db_password=密码
```

执行./demo.sh 文件启动服务，然后访问后台管理页面（地址：http://localhost:8070），输入用户名 apollo 和密码 admin，然后登录，可以看到如图 6.10 所示的页面。

图 6.10　Apollo 管理页面

6.2.2　配置中心之 Nacos

Nacos 组件和 Sentinel 组件一样，也是阿里巴巴公司开源的一款配置中心与服务发现组件，它能让开发者动态配置数据，同时能实现服务的注册与发现。Nacos 可以与当前流行的框架（如 Spring Boot 和 Spring Cloud 等）无缝对接。Nacos 主要有以下功能：

- 服务注册与发现：开发者可以通过 Nacos 提供的依赖包或者 OpenAPI 等进行服务注册与发现。
- 服务健康检查：Nacos 对注册的服务进行实时的健康监测，以防访问不健康的服务实例，避免造成意外的影响。
- 服务动态配置：Nacos 组件提供统一的配置管理页面，通过修改配置信息，可以主动下发动态修改配置。
- DNS 服务：可以实现负载均衡、路由策略和流量控制等简单的 DNS 解析服务。
- 元数据管理：对服务的描述信息、健康状态和生命周期等进行管理。

图 6.11 展示了 Nacos 组件的架构。作为配置中心，Nacos 组件有以下基本概念：

- 命名空间（NameSpace）：可以对租户粒度配置进行隔离，不同的命名空间，可以有相同的组或配置集 ID。例如，通过命令空间来区分部署环境，以及配置开发（Dev）环境、测试（Test）环境和生产（Prod）环境。
- 配置集 ID（Data ID）：配置集 ID 可以作为一种划分配置的方式，也可以是某个服务下多个配置项的集合。
- 配置分组（Group）：一组配置集，其默认分组名是 DEFAULT_GROUP，可以按机房作为组区分的粒度。

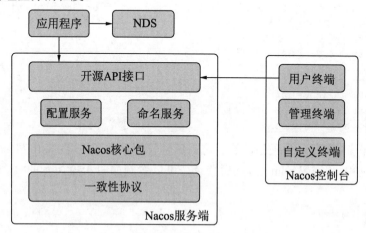

图 6.11　Nacos 组件架构

搭建 Nacos 配置中心有两种方式：一种是从 Github 上下载源码；另一种是直接下载稳定版本的 ZIP 包。

```
//第一种方式
git clone https://github.com/alibaba/nacos.git
cd nacos/
mvn -Prelease-nacos -Dmaven.test.skip=true clean install -U
ls -al distribution/target/
cd distribution/target/nacos-server-$version/nacos/bin
//第二种方式：下载 nacos-server-$version.zip 包
tar -xvf nacos-server-$version.tar.gz
cd nacos/bin
sh startup.sh -m standalone
```

启动 Nacos 组件后，后台配置管理页面如图 6.12 所示。

图 6.12　Nacos 配置管理页面

由后台管理页面的左侧工具栏可以看到 Nacos 组件，该组件主要提供配置管理、服务管理、权限控制、命名空间和集群管理等功能。

下面以 Spring Cloud 集成 Nacos 为例，介绍项目集成 Nacos 配置中心。首先，项目 pom.xml 文件要添加相关的依赖包。代码如下：

```
<dependency>
    <groupId>org.springframework.cloud</groupId>
    <artifactId>spring-cloud-starter-alibaba-nacos-config</artifactId>
    <version>0.2.1.RELEASE</version>
</dependency>
    <dependency>
    <groupId>org.springframework.cloud</groupId>
    <artifactId>spring-cloud-starter-alibaba-nacos-discovery
</artifactId>
    <version>0.2.2.RELEASE</version>
</dependency>
```

要使用 Nacos 组件，需要新建一个 bootstrap.yml 配置文件。Nacos 的基本配置如下：

```
spring:
  cloud:
    nacos:
      config:
        server-addr: 127.0.0.1:8848
        file-extension: properties
        namespace: 08bf3070-fd90-4daa-aa2b-2cbd2140355c
        group: config
      discovery:
        server-addr: 127.0.0.1:8848
        ip: ${HOST:}
        port: ${PORT_80:${server.port:}}
        namespace: 08bf3070-fd90-4daa-aa2b-2cbd2140355c
        group: config
        heart-beat-timeout: 30
```

在 Nacos 后台配置管理页面上新增一个 dev 命名空间，然后创建一个配置项，Data ID 名为 configService.properties，Group 名为 config。配置详情如图 6.13 所示。

Nacos 组件提供了许多注解，@RefreshScope 可以自动实现配置更新，@Value 可以获取配置项的数据值。新建一个接口，代码如下：

```
@RestController
@RequestMapping("/test")
@RefreshScope                    //自动刷新配置
public class HiController{

    @Value("${userName:default}")
    private String userName;

    @GetMapping("/nacos/query")
    public String nacosQuery() {
        return userName;
    }
}
```

图 6.13　Nacos 配置详情

访问此接口，即可返回配置的 userName 信息。

6.3　服务注册与发现

分布式系统中的多个服务之间往往存在依赖关系，如何对服务进行统一的管理是分布式开发过程中需要面临的问题。一般通过提供一个服务注册与发现平台来解决这些问题，该平台将各个服务实例注册到平台上，然后通过平台发现功能获取服务实例，再进行服务调用。服务注册与发现平台维护着所有服务实例列表，此列表用于服务发现。Consul 作为当下比较流行的服务注册与发现组件，被各大互联网公司广泛使用。

Consul 是 HashiCorp 公司推出的一款开源软件，可以实现服务注册与发现功能，它由 Go 语言开发。Consul 组件由服务端和客户端组成，应用集成客户端后对服务端进行访问，服务端主要负责配置和服务管理等逻辑。Consul 主要有以下功能：

- 服务注册：通过 Consul 客户端将服务注册到 Consul 平台上。
- 服务发现：客户端通过 Consul 服务端进行服务发现和查询。
- 健康检查：Consul 客户端可以对服务提供相应的健康检查。
- 数据存储：Consul 提供 Key-Vaule 存储功能，并对服务提供额外的配置信息。
- 多数据中心：支持多数据中心。

要搭建 Consul，首先需要下载 Consul，地址为 https://www.consul.io/downloads.html。
下载后在环境变量中添加安装目录，然后执行启动命令：

```
consul agent -server -ui -bootstrap-expect=3 -data-dir=/data/consul
-node=server-1 -client=0.0.0.0 -bind=127.0.0.1 -datacenter=dc1
```

启动成功之后即可访问 Consul 管理页面，地址为 http://localhost:8500/，其主菜单栏如
图 6.14 所示。

图 6.14　Consul 主菜单栏

如果想要在 Spring Boot 项目中集成 Consul，则需要在 application.yml 配置文件中添
加以下配置信息：

```
spring:
  cloud:
    consul:
      host: 127.0.0.1
      port: 8500
      discovery:
        service-name: ${spring.application.name}
        tags: test=consul
        healthCheckPath: /health
        healthCheckInterval: 15s
```

在启动类中添加@EnableDiscoveryClient 注解，从而完成服务注册。

6.4　服务链路追踪

通常服务会部署在不同的机器上，且分布在不同的机房，不同的服务很可能由不同的
团队开发。如果整个服务调用链层级非常深，这时候定位问题就变得很复杂，此时需要一
个全链路追踪系统。它可以分析调用链路中的性能问题，还可以完整地展示不同服务之间
的调用关系链。当调用出现问题时，通过可视化的调用过程，可以快速定位问题，从而提
升效率。

谷歌公司曾开发了 Dapper 系统，后来的大部分相关开源组件都是基于 Dapper 的原理

而实现的。全链路追踪系统能够快速发现线上系统的故障所在，同时定位分布式系统中存在的性能瓶颈，为系统优化提供依据。全链路追踪系统的设计目标主要包括以下几个方面：

- 代码低侵入：链路追踪本身与服务无关，所以应该做到少侵入或不侵入业务代码，从而降低接入门槛。
- 低损耗：链路追踪应该对服务影响小，尽量减少资源消耗。
- 实时采集：全链路追踪系统需要全面采集数据，然后进行可视化查询，采集过程近实时，有利于线上问题的定位。
- 为业务提供决策：全链路追踪系统可以定位系统瓶颈，为业务提供优化依据。

基于以上目标，全链路追踪系统可以对一次接口的完整调用链进行展示，并分析出每个环节的耗时，并对调用的拓扑关系进行展示，还可以进行监控和报警。大部分开源的全链路追踪系统都包含以下几个基本要素：

- Trace：一个调用链会生成一条 Trace，一条 Trace 只有一个唯一标识的 TraceId，一条 Trace 由一个或多个 Span 组成。
- Span：链路调用中的一个基本单元。通常一次服务调用有可能创建多个 Span，每一个 Span 都会有一个唯一 ID 来标识它。Span 包含描述信息、Tag 信息和父 SpanId 等。
- Tag：用来描述 Span 中的一些特殊信息。在调用链中，可以通过 Tag 设置键值对的方式保存额外信息。
- 采样率：为了减少对线上环境性能的损耗，可以通过设置采样率，在不牺牲大量性能的前提下进行采集。

Zipkin 是由 Twitter 公司基于 Google Dapper 论文开发的一款开源调用链追踪系统。它主要包括 Collector（采集器）、Storage（存储）和管理界面几个组件，同时提供查询数据的功能。Collector 对追踪信息进行处理，Storage 对信息进行存储，然后由前端管理页面通过调用接口的方式查询存储中的信息并进行展示。

如果想要集成 Zipkin 组件，需要启动 Zipkin 的服务端。先下载 zipkin-server.jar 包，然后启动。启动之后，访问 http://localhost:9411/zipkin，从而打开管理页面。

Spring Cloud 框架提供了对 Zipkin 的集成。在项目中添加以下依赖：

```
<dependency>
    <groupId>org.springframework.cloud</groupId>
    <artifactId>spring-cloud-starter-sleuth</artifactId>
<version>2.2.3.RELEASE</version>
</dependency>
<dependency>
    <groupId>org.springframework.cloud</groupId>
    <artifactId>spring-cloud-sleuth-zipkin</artifactId>
    <version>2.2.3.RELEASE</version>
</dependency>
```

在配置文件中添加 Zipkin 的配置信息：

```
spring:
  zipkin:
```

```
      enabled: true
      baseUrl: http://127.0.0.1:9411
  sleuth:
    sampler:
      probability: 1
```

请求一次接口，然后在 Zipkin 查询页面进行查询。

图 6.15 展示了一次接口请求 Zipkin 统计的信息，包括 http.method、http.path、mvc.controller.class、mvc.controller.method、traceId、spanId 和 parentId 等详细信息。

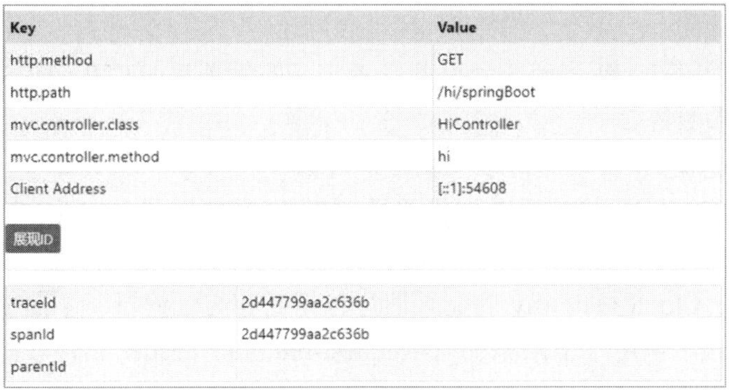

Key	Value
http.method	GET
http.path	/hi/springBoot
mvc.controller.class	HiController
mvc.controller.method	hi
Client Address	[::1]:54608
展现ID	
traceId	2d447799aa2c636b
spanId	2d447799aa2c636b
parentId	

图 6.15　链路查询信息

6.5　服务网关

在微服务中，多个服务下对应多个接口和域名。当有多个调用方时，需要对这些接口与域名进行管理。API 网关可以对接口进行统一管理，并对接口访问提供统一的入口，同时可以集成接口鉴权、路由、限流、降级和负载均衡等功能。基于上面的描述，API 网关主要有以下功能和特点：

- 高性能：网关承担大部分的流量，通常需要具有高可用和高容错机制。
- 安全：服务之间的调用通常需要服务鉴权，网关可以承担这部分权限认证的功能。
- 路由：网关的基本功能是做接口动态路由，并可以提供负载均衡。
- 限流：网关作为接口访问的门户，其流量非常大，需要进行限流控制。
- 降级：当调用依赖接口长时间没有响应时，也需要对网关做降级熔断。
- 缓存：对接口响应的数据进行缓存。
- 监控：对网关服务的 QPS 和响应时间进行监控。

Spring Cloud Gateway 是 Spring Cloud 家族中的一员，它为服务提供一种简单和有效的方式，从而对接口进行路由并提供安全、监控、埋点和限流等功能。Spring Cloud Gateway 的主要功能如下：

- 集成 Hystrix 断路器，对服务调用进行熔断。
- 对接口进行动态路由。
- 对接口访问进行限流。
- 可以配置过滤规则。

Spring Cloud Gateway 可以通过简单配置实现网关的功能。在配置信息中有以下 3 个最重要的概念：

- Route（路由）：Spring Cloud Gateway 的基本组成模块。只要做路由匹配，目标接口就会被访问。
- Predicate（断言）：断言函数允许开发者定义匹配来自 HTTP 请求中的任何信息，如请求头和参数等。
- Filter（过滤器）：可以对请求或响应进行修改。

Spring Cloud Gateway 的主要工作流程是，客户端先向 Spring Cloud Gateway 发出请求，然后找到与请求相匹配的路由，网关将请求发送代理服务执行业务逻辑，最终返回结果。

通常，Spring Cloud Gateway 的配置信息包括断言与过滤器。下面的示例定义了一个 Cookie 的断言。该示例用于请求添加 X-Request-red:blue header 属性。其中有两个参数，代表 Cookie 的名称是 mycookie，Cookie 的值为 mycookievalue。AddRequestHeader 过滤器也有两个参数，一个是 name，另一个是 value。

```
spring:
  cloud:
    gateway:
      routes:
      - id: after_route
        uri: http://localhost:8080/
        predicates:
        - Cookie=mycookie,mycookievalue
        filters:
        - AddRequestHeader=X-Request-red, blue
```

6.6　总　　结

分布式系统多服务、多实例和多机房的部署，使得服务之间的治理变得非常复杂。本章主要从服务限流与降级、服务动态配置、服务注册与发现、服务之间的调用链路、服务的统一网关等几个方面进行介绍，涉及当前比较流行的几个开源组件，包括 Sentinel、Nacos、Apollo、Consul、Zipkin 和 Spring Cloud Gateway。通过这几款开源组件的集成，可以提升服务的健壮性，使得服务可管理，调用链路更清晰，定位问题更快速，从而整体上提升服务的质量。

第7章 分布式系统监控

由于分布式系统具有多服务、部署分散、调用链路复杂等特性，因此需要对服务进行统一的健康监控。统一的健康监控包括监控服务负载、接口响应时间、服务异常和服务QPS等。搭建分布式监控平台也是服务高可用的一种保障。当前比较流行的监控平台主要是 Prometheus 与 Grafana 组件，二者一般搭配使用。Prometheus 主要采集业务系统暴露的监控指标，Grafana 组件主要通过仪表盘来可视化地展示各种指标趋势。本章重点介绍这两种组件的基本用法。

7.1 监控端点

要监控一个服务是否健康，需要实时采集服务的各种指标，掌握这些指标后，就可以根据设置的报警规则进行自动化监控与报警。当前有多款开源的监控工具，但是不同的监控工具可能是由不同的开发语言和指标规则构成，开发使用成本较高。为了解决这些问题，Micrometer 提供了统一的抽象接口，而其他监控组件可以实现这些接口，Prometheus 就是其中的一款。Spring Boot Actuator 提供了暴露端点的方式。

7.1.1 Micrometer 简介

Micrometer 是一个指标工具包，它基于 JVM 且提供很多通用的 API。Java 应用程序可以通过这些通用 API 进行指标收集。Micrometer 工具有两个最基本的概念：Meter 接口和 MeterRegistry 抽象类。Meter 的计量器可以提供多种指标类型，包括 COUNTER、GAUGE、LONG_TASK_TIMER、TIMER 和 DISTRIBUTION_SUMMARY。MeterRegistry 注册表主要用来创建和维护 Meter 计量器。要使用 Prometheus 组件，只需要添加 micrometer-registry-prometheus 包即可。一个简单的指标注册与使用示例如下：

```
SimpleMeterRegistry registry = new SimpleMeterRegistry();
registry.config().commonTags("application", "loginService");
Counter counter = registry.counter("code.total", "code", "E000");
counter.increment();                        //计数统计
```

下面介绍几种指标类型。

1. Counter（计数器）

Counter 是一种计数统计类型，它以固定的数据进行累积，而且该数值必须是正数。Counter 的使用方式如下：

```
MeterRegistry registry = new SimpleMeterRegistry();

//方式 1
Counter counter = registry.counter("counter");
counter1.increment(2.0);

//方式 2
Counter counter = Counter
        .builder("code.total")
        .description("counter simple", "code", "E000")     //描述
        .tags("code", "E000")                              //状态码
        .register(registry);
counter.increment(3.0);
```

2. Timer（计时器）

Timer 是计时器类型，通常用来记录执行时间，例如一次请求接口的时间。记录时间后就可以对时间进行分析，例如计算平均耗时和最大耗时等。创建 Timer 的方式如下：

```
Timer timer = Timer
        .builder("interface.time")
        .description("timer simple")                       //描述
        .tags("req", "time")                               //tag 定义
        .register(registry);
```

3. Gauge（测量器）

Gauge 通常记录一个瞬时值，例如 CPU 某一时刻的使用率或内存的使用率等。创建 Gauge 的方式如下：

```
AtomicInteger atomicInteger = new AtomicInteger(0);
Gauge passCaseGuage = Gauge
        .builder("cpu.guage", atomicInteger, AtomicInteger::get)
        .tag("cpu", "guage")                               //tag 定义
        .description("gauge simple")                       //描述
        .register(registry);
```

7.1.2　Spring Boot Actuator 集成

Spring Boot Actuator 是 Spring Boot 框架提供的通过 HTTP Endpoints 或者 JMX 来管理和监控应用程序的组件。通过暴露端点的方式来提供服务审计、健康检查、指标统计和 HTTP 追踪等功能。Spring Boot Actuator 可以与第三方监控系统 Prometheus 整合使用。

Spring Boot Actuator 内置了一系列端点，如果不能满足需求，也可以自定义端点。Spring Boot Actuator 在默认情况下会暴露 health 和 info 两个端点。使用 HTTP 访问端点信息，默认的访问路径是/actuator。例如访问 health 端点，访问路径是/actuator/health。如表 7.1 所示，Spring Boot Actuator 提供了一些内置端点。

表 7.1　Endpoint

Endpoint ID	说　　明
auditevents	展示应用暴露的审计事件
beans	展示应用完整的Spring Beans列表
caches	暴露可用的caches
conditions	展示需要配置类的条件信息
configprops	配置属性集合
env	环境属性
flyway	数据库迁移路径信息
health	应用的健康状态
httptrace	最近100个HTTP请求响应信息
info	应用的基本信息
integrationgraph	应用的集成信息
loggers	应用的logger信息
metrics	metrics统计信息
mappings	@RequestMapping路径
scheduledtasks	定时任务信息
sessions	session信息
shutdown	关闭应用
startup	启动信息
threaddump	线程信息
prometheus	Prometheus抓取的metrics指标

在 application.yml 配置文件中对 Endpoint 进行配置，修改访问路径：

```
management:
  endpoints:
    web:
      base-path: "/"
      path-mapping:
        health: "healthcheck"
```

修改访问端口的配置：

```
management:
  server:
    port: 8081
```

上面说到，Spring Boot Actuator 默认暴露 health 和 info 端点，还可以通过自己的配置进行修改：

```
management:
  endpoints:
    web:
      exposure:
        include: "health,prometheus"
        exclude: "env,beans"
```

Spring Boot Actuator 提供了对 Micrometer 的依赖管理和自动配置，同时支持 Prometheus 的监控组件。Spring Boot 应用会自动配置 MeterRegistry，将支持的 Meter 添加进来，这些注册表对象也会被自动添加到全局注册表对象中。通过暴露 Prometheus 端点，即可采集相关的指标。

7.2　Prometheus 组件

Prometheus 是开源的监控与报警工具，当下许多公司都采用 Prometheus 对服务进行监控。2016 年 Prometheus 加入 CNCF（Cloud Native Computing Foundation），是继 Kubernetes 之后的第二个托管项目。本节主要介绍 Prometheus 框架及其特性。

7.2.1　Prometheus 简介

Prometheus 是由多个组件共同组成的监控平台。当下 Prometheus 之所以被很多公司采用是因为它本身有如下几个特性：

- 多维数据模型，通过指标名称和键值对来定义时间序列数据。
- 提供 PromQL 查询语言，在多维数据模型上可以灵活地查询数据。
- 不依赖分布式存储，单个服务器节点能够自主抓取数据。
- 时间序列数据通过 HTTP PULL 的方式收集。
- 时间序列推送通过中间网关来完成。
- 可以通过服务发现或静态配置来发现监控目标。
- 提供多种图形和仪表板的支持。

Prometheus 框架原理如图 7.1 所示。Prometheus Server 主要用来抓取数据并将数据存储到时间序列数据库（TSDB）中；Pushgateway 可以作为一个中转站，运行短时间的任务；Alertmanager 是一个报警组件，可以用 E-mail 来发送报警信息；Prometheus Web UI 提供 Web 接口，通过 PromQL 查询语言进行可视化查询。Prometheus 提供了扩展功能，可以与 Grafana 结合起来展示。

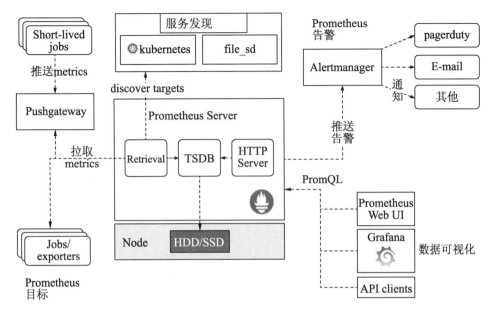

图 7.1 Prometheus 框架原理

Prometheus 提供多维度采集功能，它采集的指标度量类型主要有以下 4 种：

- Counter：对某一种指标的累计数据。
- Gauge：对某一指标的瞬时采集数据值。
- Histogram：可以在一次抓取时返回多个数据值，包括<basename>_ bucket{le="<upper inclusive bound>"}、<basename>_sum 和<basename>_count（等价于<basename>_ bucket{le="+Inf"}）。
- Summary：与 Higtogram 类似，一次抓取也返回多个数据，包括<basename>{quantile= "<φ>"}、<basename>_sum 和<basename>_count。

7.2.2　Prometheus 搭建

Prometheus 作为一个监控平台，主要通过监控服务暴露的 HTTP 端点进行指标的采集，因此部署 Prometheus 监控平台主要在于配置目标服务暴露的端点信息。下面介绍 Prometheus 的安装与配置。

1．下载Prometheus包

Prometheus 包的下载地址为 https://prometheus.io/download/，选择适合自己平台的工具包。下载之后将其解压到本地。

2．修改配置文件

解压 Prometheus 工具包以后，可以看到解压路径下有一个名为 prometheus.yml 的配置文件，其内容如下：

```
# my global config
global:
  scrape_interval:     15s # Set the scrape interval to every 15 seconds.
Default is every 1 minute.
  evaluation_interval: 15s # Evaluate rules every 15 seconds. The default
is every 1 minute.
  # scrape_timeout is set to the global default (10s).

# Alertmanager configuration
alerting:
  alertmanagers:
  - static_configs:
    - targets:
      # - alertmanager:9093

# Load rules once and periodically evaluate them according to the global
'evaluation_interval'.
rule_files:
  # - "first_rules.yml"
  # - "second_rules.yml"

# A scrape configuration containing exactly one endpoint to scrape:
# Here it's Prometheus itself.
scrape_configs:
  # The job name is added as a label `job=<job_name>` to any timeseries scraped
from this config.
  - job_name: 'prometheus'

    # metrics_path defaults to '/metrics'
    # scheme defaults to 'http'.

    static_configs:
    - targets: ['localhost:9090']:
```

从上面的配置文件可以看到：第一，global 主要是全局配置信息；第二，alerting.alertmagagers 主要配置报警信息；第三，rules_files 是其他配置文件；第四，scape_configs 配置定时抓取指标的信息，这部分可以配置目标应用所暴露的端点信息。示例如下：

```
- job_name: 'loginService'
    static_configs:
    - targets: ['localhost:8081']
```

3．启动Prometheus抓取数据

启动 Prometheus Server 之后，访问 http://localhost:9090/metrics 路径，就能看到抓取的指标数据。

```
# TYPE go_gc_duration_seconds summary
go_gc_duration_seconds{quantile="0"} 0
go_gc_duration_seconds{quantile="0.25"} 0
go_gc_duration_seconds{quantile="0.5"} 0
go_gc_duration_seconds{quantile="0.75"} 0.0010005
go_gc_duration_seconds{quantile="1"} 0.0089951
go_gc_duration_seconds_sum 0.0139949
go_gc_duration_seconds_count 13
# HELP go_goroutines Number of goroutines that currently exist.
# TYPE go_goroutines gauge
go_goroutines 35
# HELP go_info Information about the Go environment.
# TYPE go_info gauge
go_info{version="go1.15.6"} 1
# HELP go_memstats_alloc_bytes Number of bytes allocated and still in use.
# TYPE go_memstats_alloc_bytes gauge
go_memstats_alloc_bytes 2.9598424e+07
# HELP go_memstats_alloc_bytes_total Total number of bytes allocated, even
if freed.
# TYPE go_memstats_alloc_bytes_total counter
go_memstats_alloc_bytes_total 8.1223112e+07
```

4．数据查询

访问 Prometheus 提供的可视化管理页面 http://localhost:9090/graph，即可查询指标数据，如图 7.2 所示。

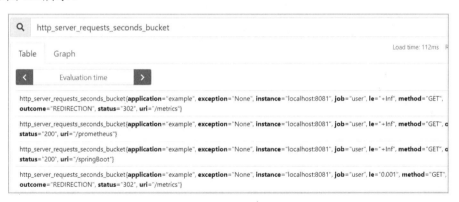

图 7.2　Prometheus 查询指标数据

7.3　Grafana 组件

Grafana 是一个开源的可视化平台，允许使用者进行查询、可视化、报警和分析指标数据。总之，Grafana 可以把时间序列数据库（TSDB）的数据转换为各种可视化图形，如柱状图、折线图等。本节主要讲解 Grafana 的部署与集成。

Grafana 搭建的主要步骤如下：

（1）下载 Grafama 包。首先访问 Grafana 官方网站 https://grafana.com/grafana/download，然后根据本地机器的配置，选择匹配的安装包进行下载。

（2）启动 Grafana。下载 Grafana 包之后将其解压，然后在解压后的 bin 目录下执行启动命令，即可启动 Grafana 服务。启动之后访问 http://localhost:3000/，即可打开 Grafana 管理页面，以管理员身份登录即可。

Grafana 可以导入多种数据源。集成 Prometheus 数据源的操作步骤如下：

（1）配置数据源。首先在左侧的工具栏中单击 Configuration-Data Sources 按钮，打开添加数据源页面，然后单击 Prometheus Data Source 按钮，配置 Prometheus 数据源的地址 http://localhost:9090/，如图 7.3 所示。

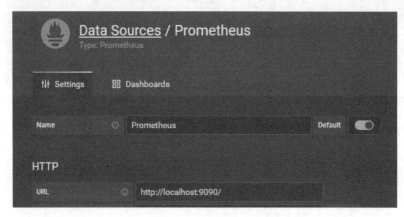

图 7.3　配置数据源

（2）创建 Dashboard。首先单击工具栏上的 Dashboards-manage 按钮，由于 Prometheus 已经预定义了一些 Dashboard 模版，所以可以直接选择 Spring Boot 模板。然后单击 Import，引入 Prometheus 数据源。也可以单击左侧的 Create 按钮，创建自定义的 panel。接口 TP99 的配置结果如图 7.4 所示。

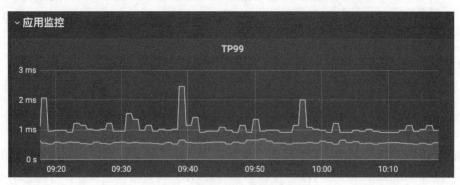

图 7.4　接口 TP99 的配置结果

7.4　总　　结

分布式系统监控是保障服务健壮的主要手段，通过监控服务的响应时间和异常信息等，可以做到自动化报警。本章首先介绍 Spring Boot Actuator 的集成与 Prometheus 组件的用法，然后介绍暴露端点信息和采集 Prometheus 的方法，最后导入 Grafana 可视化平台，配置仪表盘指标，从而帮助开发者更加直观地观察服务的运行情况。

第 8 章　分布式系统日志收集

分布式系统的服务是多实例部署方式，其日志文件分散在各个实例机器上。如果线上出现问题，想要通过日志定位问题，就需要先定位是哪个服务出现了问题，了解是在哪台实例机器上发生了异常。如果没有统一的分布式日志收集系统，那么定位线上问题的过程是复杂、漫长且效率低下的。分布式日志收集系统可以将多个服务和实例上的日志文件内容收集到统一的存储系统中，并提供可视化查询界面，便于快速地定位日志信息。

8.1　日　志　框　架

应用服务中的日志信息对于业务来说非常重要，例如埋点系统、全链路系统、告警系统等通常都需要依赖日志信息的采集来反哺业务的决策。在 JDK 1.4 版本后，Java 框架自带日志打印功能，但是使用并不广泛。后来出现了 SLF4J（The Simple Logging Facade for Java），它是一个日志门面或日志服务的标准抽象。现在比较流行的日志框架 Logback、Log4j 和 Log4j2 等都可以说是 SLF4J 的一种具体实现。本节主要讲解 Log4j、Logback 和 Log4j2 等日志框架的相关配置。

8.1.1　Log4j 简介

本小节介绍的 Log4j 指 Log4j 1.x 的相关版本。Log4j 是 Java 语言编写的日志框架，属于 Apache 组织下的一个顶级开源软件。Log4j 已经被广泛地应用在各种应用程序开发中。但是随着时间的推移，它的发展已经放缓，并且维护起来很麻烦，因此于 2015 年 8 月不再更新。虽然现在使用 Log4j 的人比较少，但是其作为最早的日志框架有必要介绍一下。现在的日志系统的很多概念依然延续 Log4j 中的定义，了解其相关知识有助于理解其他框架。

1. Loggers对象

Loggers 对象主要负责记录日志的相关信息，包括日志的类别与级别。Log4j 会对每一个 Logger 对象分配一个等级，未被分配等级的则继承 Root Logger 的级别。Log4j 设置了 8 种日志级别（见表 8.1），包括 ALL、TRACE、DEBUG、INFO、WARN、ERROR、FATAL 和 OFF。日志级别依次上升，即 ALL 的级别最低，OFF 的级别最高。Log4j 的日志输出

规则为只输出级别不低于设定级别的日志信息。例如，设置了 INFO 级别，则低于 INFO
级别的日志（如 DEBUG）就不会被输出。

表 8.1 日志级别

级　别	功　能
ALL	所有日志
TRACE	追踪日志
DEBUG	调试日志
INFO	运行日志
WARN	告警日志
ERROR	错误日志
FATAL	严重错误
OFF	关闭日志

从表 8.1 中可以看到，不同日志类型用在不同的地方。通常开发者更关注 DEBUG、
INFO 和 ERROR 这 3 种类型。

通常，Log4j 的 Loggers 配置方式如下：

```
log4j.rootLogger = [ level ] , appender1, appender2, ...
```

可以看到，rootLogger 设置了日志级别和 Appender。

2．Appender

Appender 表示日志的输出方式，可以是控制台（Console）和磁盘文件（File）等。一
个 Appender 对象可以指定一个日志输出地址，通常日志配置文件可以配置多个 Appender
对象。表 8.2 展示了多种类型的 Appender。

表 8.2 Appender类型

类　型	功　能
ConsoleAppender	将日志输出到控制台
FileAppender	将日志输出到文件
DailyRollingFileAppender	每天生成一个日志文件
RollingFileAppender	日志达到指定大小后新生成文件
WriterAppender	日志以流的方式发送

通常，Log4j 的 Appender 配置方式如下：

```
# ConsoleAppender
log4j.appender.console=org.apache.log4j.ConsoleAppender
log4j.appender.console.Threshold=INFO
log4j.appender.console.ImmediateFlush=true
log4j.appender.console.Target=System.out
log4j.appender.console.encoding=UTF-8
```

```
# FileAppender
log4j.appender.logFile=org.apache.log4j.FileAppender
log4j.appender.logFile.Threshold=INFO
log4j.appender.logFile.ImmediateFlush=true
log4j.appender.logFile.Append=true
log4j.appender.logFile.File=/logs/app.log
log4j.appender.logFile.Encoding=UTF-8
# RollingFileAppender
log4j.appender.rollingFile=org.apache.log4j.RollingFileAppender
log4j.appender.rollingFile.Threshold=INFO
log4j.appender.rollingFile.ImmediateFlush=true
log4j.appender.rollingFile.Append=true
log4j.appender.rollingFile.File=D:/logs/log.log4j
log4j.appender.rollingFile.MaxFileSize=200MB
log4j.appender.rollingFile.MaxBackupIndex=100
# DailyRollingFileAppender
log4j.appender.dailyFile=org.apache.log4j.DailyRollingFileAppender
log4j.appender.dailyFile.Threshold=INFO
log4j.appender.dailyFile.ImmediateFlush=true
log4j.appender.dailyFile.Append=true
log4j.appender.dailyFile.File=/logs/app.log
log4j.appender.dailyFile.DatePattern='.'yyyy-MM-dd
```

3. Layout对象

Layout 对象表示日志的输出格式。通常一个 Appender 对应一个 Layout，Appender 指定日志的输出位置，Layout 按照指定的格式进行日志输出。Layout 有多种类型，如表 8.3 所示。

表 8.3　Layout的类型

类　　型	功　　能
HTMLLayout	日志以HTML的形式展示
PatternLayout	自定义格式日志展示，常用类型
SimpleLayout	简单格式日志展示，包括级别

通常，Log4j 的 Layout 配置方式如下：

```
# HTMLLayout
log4j.appender.logFile.layout = org.apache.log4j.HTMLLayout
log4j.appender.logFile.layout.LocationInfo = true
# SimpleLayout
log4j.appender.logFile.layout = org.apache.log4j.SimpleLayout
# PatternLayout
log4j.appender.logFile.layout = org.apache.log4j.PatternLayout
log4j.appender.logFile.layout.ConversionPattern = %d{yyyy-MM-dd HH:mm:ss}
%5p %c{1}:%L - %m%n
```

PatternLayout 字符格式及其含义如表 8.4 所示。

表 8.4　字符格式及其含义

格　　式	含　　义
%p	日志级别
%d	日期格式
%c	日志所属的类
%m	日志信息
%n	换行符
%r	从启动到日志输出的耗时
%t	线程名
%L	行号
%l	日志位置
%10c	右对齐，最小长度10
%-10c	左对齐
%.20c	最大20

8.1.2　Log4j 替代者之 Logback

　　Logback 是 Log4j 创始人的另一个开源项目，也是现在 Java 社区中使用很广泛的日志框架。Logback 声称可以替代 Log4j，它提供了更快的实现，以及更多的配置选择，还可以灵活地归档日志。目前，Spring Boot 已经集成了 Logback 日志框架，开发者只需要添加一个 logback.xml 或 logback-spring.xml 文件即可使用。Logback 的整个架构也是由 Logger、Appender 和 Layout 组成的。

　　下面是一个完整的 Logback 日志配置示例：

```
<?xml version="1.0" encoding="UTF-8"?>
<configuration scan="true">
    <property name="LOG_DIR" value="/app/logs"></property>
    <!-- 控制台 -->
    <appender name="CONSOLE" class="ch.qos.logback.core.ConsoleAppender">
        <encoder charset="UTF-8">
            <pattern>%d{yyyy-MM-dd HH:mm:ss} [%thread] %-6level %logger{36}
- %msg%n</pattern>
        </encoder>
    </appender>
    <!-文件 -->
    <appender name="FILE" class="ch.qos.logback.core.rolling.RollingFile
Appender">
        <rollingPolicy class="ch.qos.logback.core.rolling.TimeBased
RollingPolicy">
            <fileNamePattern>${LOG_DIR}/info-%d{yyyyMMdd}.log</fileNamePattern>
            <maxHistory>30</maxHistory>
        </rollingPolicy>
        <encoder charset="UTF-8">
```

```
            <pattern>%d{yyyy-MM-dd HH:mm:ss} [%thread] %-6level %logger{36}
- %msg%n</pattern>
        </encoder>
    </appender>

    <root level="INFO">
        <appender-ref ref="CONSOLE" />
    </root>
    <logger name="info" level="INFO">
        <appender-ref ref="FILE" />
    </logger>
</configuration>
```

8.1.3　Log4j 升级版之 Log4j2

作为 Log4j 的升级版本，Log4j2 做了很多优化。其主要特性如下：

- 可以作为审计日志框架。
- 使用异步日志记录器，性能大幅提升。
- 基本上对垃圾收集器没有影响，提供更好的响应时间。
- 提供插件机制，很容易进行扩展。
- 支持 Lambda 表达式。

在应用服务中如果要使用 Log4j2，则需要提供一个 log4j2.xml 配置文件。下面是一个完整的 Log4j2 日志配置示例：

```
<?xml version="1.0" encoding="UTF-8"?>
<Configuration status="WARN">
    <properties>
        <property name="LOG_DIR">/app/log</property>
    </properties>
    <Appenders>
        <Console name="CONSOLE" target="SYSTEM_OUT" >
            <PatternLayout pattern="%d{yyyy-MM-dd HH:mm:ss.SSS} %-5p [%t]
%c{1.} %msg%n"/>
        </Console>
        <RollingRandomAccessFile name="INFO_FILE" fileName="${LOG_DIR}
/info.log"
                            filePattern="${LOG_DIR}/info-%d{HH}-%i.log"
immediateFlush="true">
            <PatternLayout pattern="%d{yyyy-MM-dd HH:mm:ss.SSS} [%traceId]
%-5p %c{1.} %msg%n"/>
            <Policies>
                <TimeBasedTriggeringPolicy />
            </Policies>
            <DefaultRolloverStrategy max="3"/>
            <Filters>
                <ThresholdFilter level="error" onMatch="ACCEPT" onMismatch=
"NEUTRAL"/>
                <ThresholdFilter level="info" onMatch="ACCEPT" onMismatch=
"DENY"/>
            </Filters>
```

```
            </RollingRandomAccessFile>
        </Appenders>
        <Loggers>
            <!-- 输出 info 级别的信息 -->
            <Root level="info">
                <AppenderRef ref="CONSOLE" />
                <AppenderRef ref="INFO_FILE" />
            </Root>
        </Loggers>
</Configuration>
```

8.2　服务端日志收集

通常大型分布式系统日志散落在各个虚拟机或容器中，开发者想要定位问题，不可能登录到每台虚拟机或容器中去查询日志，这样效率实在太低了。通常的做法是对虚拟机或容器中的日志进行集中收集，然后在 Kibana 等可查询的组件中展示，这样可以快速定位问题日志，从而提高日志的查询效率。本章主要讲解日志收集的相关知识。

8.2.1　Elastic 之 Filebeat

Filebeat 是一个轻量级的用于收集并传送日志数据的组件，它可以作为一个代理程序安装在服务器端。Filebeat 可以监控开发者指定位置的日志，并收集日志事件信息，然后将信息转发给 Elasticsearch 或 Logstash 组件，方便进行索引和存储。

Filebeat 架构如图 8.1 所示。

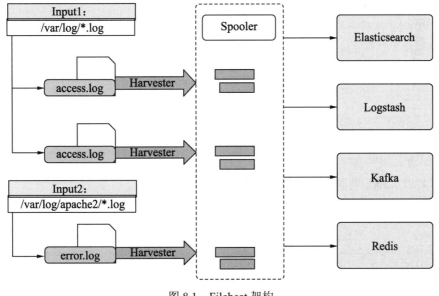

图 8.1　Filebeat 架构

在启动 Filebeat 后，它将启动一个或多个输入，这些输入就是开发者在配置文件里指定路径下的日志。查到指定的每个日志，Filebeat 都会启动一个收集器。每个收集器都会读取一个日志以获取新内容，并将新日志数据发送给 Libbeat，Libbeat 会聚合这些日志事件并将汇总的日志数据发送到开发者配置的输出上，如 Logstash、Elasticsearch、Kafka 和 Redis 等。

Filebeat 在不同的环境下启动方式不同。下面在 Linux 环境下以 Docker 方式启动 Filebeat。在 Linux 环境下安装 Filebeat 的命令如下：

```
curl -L -O https://artifacts.elastic.co/downloads/beats/filebeat/
filebeat-8.5.0-linux-x86_64.tar.gz
tar xzvf filebeat-8.5.0-linux-x86_64.tar.gz
```

启动命令如下：

```
sudo chown root filebeat.yml
sudo chown root modules.d/nginx.yml
sudo ./filebeat -e
```

使用 Docker 方式启动 Filebeat，需要先拉取镜像：

```
docker pull docker.elastic.co/beats/filebeat:8.5.0
```

启动命令如下：

```
docker run \
docker.elastic.co/beats/filebeat:8.5.0 \
setup -E setup.kibana.host=kibana:5601 \
-E output.elasticsearch.hosts=["elasticsearch:9200"]
```

如图 8.1 所示，Filebeat 主要包括 Input 和 Harvester 两个组件。Input 是 Filebeat 的输入源，Filebeat 支持很多类型，如 Log、Kafka、Redis、Stdin 和 Syslog。下面是以 Log 类型作为输入的配置内容：

```
filebeat.inputs:
- type: log
  paths:
    - /var/log/system.log
    - /var/log/wifi.log
- type: log
  paths:
    - "/var/log/apache2/*"
  fields:
    apache: true
  fields_under_root: true
```

下面是以 Kafka 类型作为输入的配置内容：

```
filebeat.inputs:
- type: kafka
  hosts:
    - kafka-broker-1:9092
    - kafka-broker-2:9092
  topics: ["my-topic"]
  group_id: "filebeat":
```

下面是以 Redis 类型作为输入的配置内容：

```
filebeat.inputs:
- type: redis
  hosts: ["localhost:6379"]
  password: "${redis_pwd}"
```

Filebeat 还提供了一个更快速的启动处理日志格式的方式——Modules。Modules 包括一些默认的配置可以帮助开发者快速实现并部署一个日志收集方案。通过以下命令可以查询默认的 Modules 列表：

```
./filebeat modules list
```

例如，Nginx 的模版如下：

```
- module: nginx
  access:
    input:
      close_eof: true
```

启动模版类型收集日志：

```
filebeat.modules:
- module: nginx
  access:
  error:
- module: mysql
  slowlog:
- module: system
  auth:
```

8.2.2　Elastic 之 Logstash

Logstash 是一个免费且开源的服务器端数据处理管道，它能够从多个来源处采集数据并转换数据，然后将数据发送到开发者指定的存储设备中。与 Filebeat 相比，Logstash 的功能更多，它能够动态地采集、转换和传输数据，而不受格式的影响。Logstash 支持各种输入选择，可以同时从众多的常用来源捕捉事件，能够以连续的流式传输方式轻松地从日志、指标、Web 应用和数据存储等来源采集数据。数据从输入来源传输到存储设备的过程中，Logstash 能够解析各种事件，识别相关字段并将其转换成通用格式，以便进行更强大的分析和实现商业价值。Logstash 提供了多种输出选择，开发者可以将数据发送到目标位置。Logstash 架构的原理如图 8.2 所示。

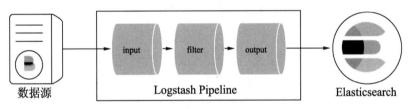

图 8.2　Logstash 架构的原理

如图 8.2 所示，Logstash 管道有两个必备元素——input（输入）与 output（输出），以及一个可选的元素——filter（过滤器）。输入包括 Filebeat、Kafka 和 Log 等，过滤器包括 Grok 等，输出包括 Elasticsearch 等。同时不同的插件处理不同的事件，输入插件可以消费不同来源的数据，过滤器插件可以解析不同的数据，输出插件可以将数据写入不同的目标。一般而言，一个 Pipeline 的配置如下：

```
input {
  tcp {
    port => 5000
    type => syslog
  }
  udp {
    port => 5000
    type => syslog
  }
}

filter {
  if [type] == "syslog" {
    grok {
      match => { "message" => "%{SYSLOGTIMESTAMP:syslog_timestamp}
%{SYSLOGHOST:syslog_hostname} %{DATA:syslog_program}(?:\[%{POSINT:
syslog_pid}\])?: %{GREEDYDATA:syslog_message}" }
      add_field => [ "received_at", "%{@timestamp}" ]
      add_field => [ "received_from", "%{host}" ]
    }
    date {
      match => [ "syslog_timestamp", "MMM  d HH:mm:ss", "MMM dd HH:mm:ss" ]
    }
  }
}

output {
  elasticsearch { hosts => ["localhost:9200"] }
  stdout { codec => rubydebug }
}
```

Logstash 以 Docker 方式运行，命令如下：

```
docker pull docker.elastic.co/logstash/logstash:8.5.0
docker run --rm -it -v ~/pipeline/:/usr/share/logstash/pipeline/ docker.
elastic.co/logstash/logstash:8.5.0
```

8.3　日志存储

从各个虚拟机或容器中通过采集组件的方式收集服务端的日志之后，需要将其存储在分布式的数据库中。分布式的数据库有很多种类型，由于日志这类信息需要在定位时快速查询，所以 Elasticsearch 这种善于查询的组件被选中。本节主要讲解 Elasticsearch 的基础知识。

8.3.1　Elasticsearch 简介

Elasticsearch 是一个分布式的 RESTful 风格搜索和数据分析引擎，它是整个 Elastic Stack 的核心组件。Elasticsearch 是一个近乎实时的分布式搜索和分析引擎。Logstash 和 Filebeat 组件可以收集、聚合、解析数据，最终将数据存储在 Elasticsearch 中。Kibana 组件通过可视化的方式对存储在 Elasticsearch 中的数据进行展示。无论是结构化文本，还是非结构化文本，亦或是地理空间类型的数据，Elasticsearch 都能够支持快速搜索，以及有效地存储和索引它们。Elasticsearch 可以通过分布式存储的方式来应对大数据场景。

Elasticsearch 可以处理各种场景的数据，同时提高了效率和灵活性。它主要包括以下几个特点：

- 提供搜索查询功能。
- 存储应用的日志和指标数据。
- 可以应用在机器学习中。
- 可以进行地理信息系统（GIS）的数据管理。

Elasticsearch 是一个基于文档的分布式存储数据库，它不像传统数据库（如 MySQL）那样将数据存储为列状数据行，而是存储为以序列化为 JSON 文档的复杂数据结构。在一个 Elasticsearch 集群中，存储的文档分布在整个集群的节点上，可以从任何一个节点进行访问。

Elasticsearch 在存储文档时会对文档进行索引。通过索引，文档查询可以提供近乎实时的查询。Elasticsearch 能提供近乎实时的查询功能，主要是因为使用了一种称为倒排索引的数据结构，它可以进行快速的全文搜索。倒排索引可以被看作文档的优化集合，每个文档都是字段的集合，字段包含数据的键-值对。在通常情况下，Elasticsearch 索引每个字段中的所有数据，而每个索引字段具有专用且优化的数据结构。使用每个字段的数据结构来组合和返回搜索结果，这是 Elasticsearch 速度快的原因。

想要了解倒排索引，可以先想一下正排索引。假设有两个文档，如表 8.5 所示。

表 8.5　正排索引结构

文档ID	文 档 内 容
1	小波在篮球场上打篮球
2	小明在足球场上踢足球

如果要搜索"篮球"字段出现在哪个文档中，按传统数据库进行搜索，要用字符串全匹配的方式一行一行地查询。这样做效率比较低，当文档很大时，查询需要花费的时间很长。

通过正排索引可以引出倒排索引的概念，首先对文档内容进行分词操作，分词后的字段作为 key，文档 ID 作为值，这样形成的键-值对如表 8.6 所示。

表 8.6 倒排索引结构

字 段	文档ID
小波	1
篮球场	1
篮球	1
小明	2
足球场	2
足球	2

基于倒排索引结构，可以通过单词"篮球"直接定位到文档 ID，为 1，这样加快了查询效率。Elasticsearch 提供了单词查询、短语查询、相似性查询和前缀查询等。同样，Elasticsearch 可以对地理数据与数字型数据进行非文本数据索引，从而进行高效的查询。

Elasticsearch 是高可用的，而且可以基于需求进行扩展，天然就是分布式的。通过增加节点可以提高容量，也可以自动分散数据存储，并进行跨节点查询。Elasticsearch 可以将查询负载均衡地分配到可用的节点上，它可以平衡多节点集群来提供高可用和动态扩展的功能。Elasticsearch 索引是一个逻辑组，它包含一个和多个物理分片。Elasticsearch 可以通过冗余的节点来存储文档信息，并提高查询能力。在集群扩容的时候，这些分片可以进行自平衡。分片通常分为主分片和副本分片，每个索引中的文档都属于一个主分片。每个主分片都有多个副本分片，副本分片会同步主分片信息。副本分片作为冗余备份，提高了高可用性及读取能力。当然，分片越多，维护这些分片也会更耗时。索引中的主分片数量在创建索引时是固定的，碎片越大，当 Elasticsearch 需要再平衡集群时，迁移碎片所需时间就越长。但是副本分片数量是可以更改的，不会中断索引或查询操作。

Elasticsearch 提供了多种环境下的安装程序。在 Linux 环境下，以版本 8.5.1 为例，安装命令如下：

```
wget https://artifacts.elastic.co/downloads/elasticsearch/elasticsearch-
8.5.1-linux-x86_64.tar.gz
wget https://artifacts.elastic.co/downloads/elasticsearch/elasticsearch-
8.5.1-linux-x86_64.tar.gz.sha512
shasum -a 512 -c elasticsearch-8.5.1-linux-x86_64.tar.gz.sha512
tar -xzf elasticsearch-8.5.1-linux-x86_64.tar.gz
cd elasticsearch-8.5.1/
```

安装完成后，启动如下命令：

```
./bin/elasticsearch
```

Elasticsearch 以 Docker 方式进行安装的步骤如下：

```
docker network create elastic
docker pull docker.elastic.co/elasticsearch/elasticsearch:8.5.1
docker run --name elasticsearch --net elastic -p 9200:9200 -p 9300:9300 -e
"discovery.type=single-node" -t docker.elastic.co/elasticsearch/
elasticsearch:8.5.1
```

完成 Elasticsearch 的安装后，在 $ES_HOME/config 目录下有以下 3 个配置文件：

- elasticsearch.yml，主要配置 Elasticsearch 的相关内容。
- jvm.options，主要配置 Elasticsearch 的 JVM。
- log4j2.properties，主要配置 Elasticsearch 的日志。

成功启动 Elasticsearch 后，可以使用 HTTP 的请求方式进行交互。整个请求的组成形式如下：

```
curl -X<VERB> '<PROTOCOL>://<HOST>:<PORT>/<PATH>?<QUERY_STRING>' -d '<BODY>'
```

例如，以下命令用于请求文档的数量：

```
curl -XGET 'http://localhost:9200/_count?pretty' -d '
{
    "query": {
        "match_all": {}
    }
}
'
```

返回的数据如下：

```
{
    "count" : 0,
    "_shards" : {
        "total" : 3,
        "successful" : 2,
        "failed" : 0
    }
}
```

8.3.2　Elasticsearch 框架的原理

Elasticsearch 是面向文档的，它存储的文档都是 JSON 序列化的对象。向 Elasticsearch 中存储文档的时候，实际上做的是索引的过程。存储一个学生文档的请求如下：

```
PUT /education/student/1

{
    "name" : "xiaoming",
    "age" :         25,
    "score" :       "90"
}
```

在上面的请求路径中可以看到有以下 3 个字段：

- education：索引名称。在 Elasticsearch 中，一个索引相当于关系型数据库的一个库。
- student：代表的是类型。在 education 索引中，可以认为文档都是 student 类型。
- .1：代表的是文档的 ID。可以指定 ID，如果不指定，则由 Elasticsearch 自动生成。

前面说到，Elasticsearch 采用倒排索引的方式，在进行文档索引的时候需要对文档分析分词。通过分词器将文档分成多个词条，进行倒排索引，然后进行全文搜索。在创建索引时，索引中的每个文档都有类型，每种类型都有它自己的映射。映射定义了类型中每个字段的数据类型。映射一般分为动态映射和声名式映射两种类型。声名式映射会指定文档的字段类型，如果没有指定，则由 Elasticsearch 动态生成类型映射，如字符串、整数、浮点型、布尔型和日期等类型。

Elasticsearch 天然就是为分布式而生的。通常 Elasticsearch 集群包含多个节点，一个节点包括多个分片。一个索引实际上是包括一个或者多个物理分片的逻辑组合。文档被保存在分片中，一个分片包括主分片和多个副本分片。副本分片复制主分片的数据，它作为冗余备份，可以提供读取操作。图 8.3 表示一个包含 3 个节点的集群。

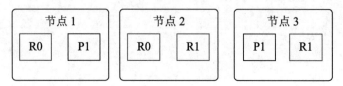

图 8.3　Elasticsearch 集群

当文档被索引的时候，会将它存储到一个主分片中。一般通过对文档的_id 进行 hash，然后对分片数进行取余，所得结果决定文档到底路由到哪个主分片上。当搜索文档的时候，可以把请求发送到集群中的任意一个节点上，集群中的每个节点都知道文档的位置，所以可以直接将请求转发到相应的节点上。

8.3.3　Elasticsearch 命令

Elasticsearch 提供 RESTful 风格的请求，以获取和操作整个集群。Elasticsearch 也提供一个基于 JSON 格式的完整查询 DSL（Domain Specific Language）语句来定义查询，例如精确查找、过滤搜素、全文搜索和组合搜索等。本小节主要讲解 Elasticsearch 常用的请求命令。

1．集群状态API

查询集群状态的 API 命令如下：

```
GET _cluster/health
```

集群状态 API 可以返回有关集群的状态信息。集群状态包括 green、yellow 和 red。状态 red 表示没有在集群中分配主分片；状态 yellow 表示分配了主分片，但没有分配副本；状态 green 表示分配了主分片和副本分片。

```
{
  "cluster_name" : "mycluster",
  "status" : "yellow",
  "timed_out" : false,
  "number_of_nodes" : 1,
  "number_of_data_nodes" : 1,
```

```
    "active_primary_shards" : 1,
    "active_shards" : 1,
    "relocating_shards" : 0,
    "initializing_shards" : 0,
    "unassigned_shards" : 1,
    "delayed_unassigned_shards": 0,
    "number_of_pending_tasks" : 0,
    "number_of_in_flight_fetch": 0,
    "task_max_waiting_in_queue_millis": 0,
    "active_shards_percent_as_number": 50.0
}
```

2．创建索引API

创建索引 API 的命令如下：

```
PUT /log-index
{
  "settings": {
    "index": {
      "number_of_shards": 3,
      "number_of_replicas": 3
    }
  }
}
```

使用创建索引 API 可以向 Elasticsearch 集群添加新的索引。创建索引时，可以设置的内容有索引的设置、索引中字段的映射、索引别名。上面的命令也可以简化为以下命令：

```
PUT /log-index
{
  "settings": {
    "number_of_shards": 3,
    "number_of_replicas": 2
  }
}
```

在创建索引的时候可以同时设置映射。示例如下：

```
PUT /test-index
{
  "settings": {
    "number_of_shards": 1
  },
  "mappings": {
    "properties": {
      "field1": { "type": "text" }
    }
  }
}
```

3．删除索引API

删除索引 API 的命令如下：

```
DELETE /test-index
```

删除索引的同时会删除文档、分片及元数据信息。

4．查询索引API

查询索引 API 的命令如下：

```
GET /test-index
```

想要查询索引的配置，可以使用下面的命令：

```
GET /test-index/_settings
```

想要查询映射信息，使用下面的命令：

```
GET /test-index/_mapping
```

查询索引的状态，使用下面的命令：

```
GET /test-index/_stats
```

5．更新索引API

更新索引设置的命令如下：

```
PUT /test-index/_settings
{
  "index" : {
    "number_of_replicas" : 1
  }
}
```

更新索引映射的命令如下：

```
PUT /test-index/_mapping
{
  "properties": {
    "email": {
      "type": "keyword"
    }
  }
}
```

6．检索文档API

检索 "_id" 为 1 的文档，命令如下：

```
GET test-index/_doc/1
```

返回结果如下：

```
{
  "_index": "test-index",
  "_id": "1",
  "_version": 1,
  "_seq_no": 0,
  "_primary_term": 1,
  "found": true,
  "_source": {
    "@timestamp": "2023-11-15T14:12:12",
    "http": {
      "request": {
        "method": "get"
      },
```

```
    "response": {
      "status_code": 200,
      "bytes": 1070000
    },
    "version": "1.2"
  },
  "source": {
    "ip": "127.0.0.1"
  },
  "message": "GET /search HTTP/1.1 200 1070000",
  "user": {
    "id": "xiaoming"
  }
 }
}
```

7．删除文档API

删除"_id"为 1 的文档，命令如下：

```
DELETE /test-index/_doc/1?routing=shard-2
```

8．多文档查询API

可以一次性查询多个文档，命令如下：

```
GET /test-index/_mget
{
  "docs": [
    {
      "_id": "1"
    },
    {
      "_id": "2"
    }
  ]
}
```

9．布尔查询API

通过布尔判断表达式来进行匹配查询。布尔条件查询通常有几个关键词，如表 8.7 所示。

表 8.7 布尔查询关键词

关 键 词	描 述
must	查询子句必须出现在匹配的文档中
filter	查询子句必须出现在匹配的文档中，忽略分数
should	查询子句应该出现在匹配的文档中
must_not	查询子句不能出现在匹配的文档中

匹配查询的命令如下：

```
POST _search
{
  "query": {
    "bool" : {
      "must" : {
        "term" : { "user.id" : "xiaoming" }
      },
      "filter": {
        "term" : { "tags" : "production" }
      },
      "must_not" : {
        "range" : {
          "age" : { "gte" : 15, "lte" : 30 }
        }
      },
      "should" : [
        { "term" : { "tags" : "env" } },
        { "term" : { "tags" : "test" } }
      ],
      "minimum_should_match" : 1,
      "boost" : 1.0
    }
  }
}
```

10．全文搜索匹配API

通过指定的文本、数值型数字、日期或布尔类型的条件进行匹配搜索，其中包括模糊匹配。查询示例如下：

```
GET /_search
{
  "query": {
    "match": {
      "message": {
        "query": "this is a word",
      }
    }
  }
}
```

11．多字段匹配API

基于匹配搜索，可以提供多字段匹配查询。示例如下：

```
GET /_search
{
  "query": {
    "multi_match" : {
      "query":      "hello xiaoming",
      "type":       "cross_fields",
      "fields":     [ "name", "age" ],
      "operator":   "and"
```

```
    }
  }
}
```

12．全匹配API

全匹配查询示例如下：

```
GET /_search
{
    "query": {
        "match_all": {}
    }
}
```

13．前缀查询API

返回指定前缀的文档，示例如下：

```
GET /_search
{
  "query": {
    "prefix": {
      "user.id": {
        "value": "li"
      }
    }
  }
}
```

14．高亮查询API

使匹配的信息高亮展示，示例如下：

```
GET /_search
{
  "query": {
    "match": { "content": "张三" }
  },
  "highlight": {
    "fields": {
      "content": {}
    }
  }
}
```

15．排序搜索API

对搜索结果进行排序，示例如下：

```
POST /_search
{
    "query" : {
        "term" : { "product" : "cake" }
    },
```

```
    "sort" : [
      {"price" : {"order" : "asc", "mode" : "avg"}}
    ]
}
```

16．聚合搜索API

对一个查询范围进行聚合，示例如下：

```
GET sales/_search
{
  "aggs": {
    "price_ranges": {
      "range": {
        "field": "price",
        "ranges": [
          { "to": 50.0 },
          { "from": 50.0, "to": 100.0 },
          { "from": 100.0 }
        ]
      }
    }
  }
}
```

8.4　日志可视化

通过 Filebeat 或 Logstash 对服务端的日志进行收集后，将其存储在 Elasticsearch 中。但是通过 Elasticsearch 命令查询日志对用户并不是特别友好。Kibana 组件提供了一种数据分析与可视化的解决方案。Kibana 可以创建索引模式，直接通过 Elasticsearch 索引展示日志数据的变化，也可以通过命令操作 Elasticsearch 的查询，还可以使用 KQL（Kibana Query Language）搜索日志信息。

8.4.1　Kibana 组件简介

Kibana 是一个用来进行数据可视化和数据分析的组件，它提供了多种图形来展示数据，还可以对数据提供搜索、展示和交互等操作。Kibana 组件提供了以下几种功能：
- 搜索、可视化和保护数据。Kibana 提供了一个 Web 页面，用来查询和分析日志，从而发现系统潜在的问题。
- 通过图表、地图和曲线图等可视化图形，分析数据内在的关联。可以通过添加一个数据集或上传文档增加一个数据源，并通过 Kibana 的发现模块，搜索需要的数据，然后通过图形化工具进行展示，利用机器学习技术构建数据模型，从而进行分析。
- 管理、监控数据。通过权限管理，可以控制用户查看数据的权限。

Kibana 组件的主要模块如图 8.4 所示。

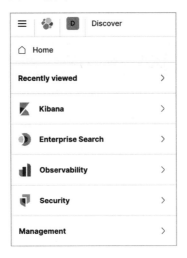

图 8.4　Kibana 组件的主要模块

8.4.2　Kibana 的安装

Kibana 提供了不同操作系统下的安装方式。下面以 7.9.3 版本为例，介绍在 Linux 和 Docker 环境下的安装步骤。

在 Linux 下安装，首先下载安装包：

```
curl -O https://artifacts.elastic.co/downloads/kibana/kibana-7.9.3-
linux-x86_64.tar.gz
curl https://artifacts.elastic.co/downloads/kibana/kibana-7.9.3-linux-
x86_64.tar.gz.sha512 | shasum -a 512 -c -
tar -xzf kibana-7.9.3-linux-x86_64.tar.gz
cd kibana-7.9.3-linux-x86_64/
```

将安装包解压后的目录如表 8.8 所示。

表 8.8　Kibana的安装目录

目　　录	描　　述
$KIBANA_HOME\bin	执行脚本，例如启动脚本
$KIBANA_HOME\config	配置文件，例如kibana.yml
$KIBANA_HOME\data	数据文件
$KIBANA_HOME\optimize	源代码
$KIBANA_HOME\plugins	插件文件

启动 Kibana 命令：

```
./bin/kibana
```

在 Docker 下安装 Kibana 组件，首先拉取 Kibana 组件，命令如下：

```
docker pull docker.elastic.co/kibana/kibana:7.9.3
```

Docker 启动命令如下：

```
docker run --link YOUR_ELASTICSEARCH_CONTAINER_NAME_OR_ID:elasticsearch
-p 5601:5601 docker.elastic.co/kibana/kibana:7.9.3
```

启动 Docker 后，在默认情况下，Kibana 的访问端口是 5601，本地可以访问 localhost:5601，查询 Kibana 启动状态可以访问 http://localhost:5601，如图 8.5 所示。

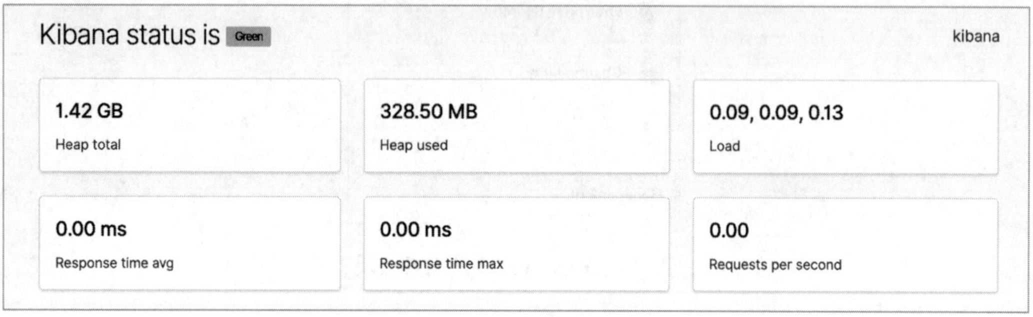

图 8.5　Kibana 的启动状态

Kibana 在启动的时候是从 kibana.yml 配置文件中读取配置属性的。如果想要改变主机、端口号或 Elasticsearch 的路径，都需要更新 kibana.yml 配置文件。Kibana 的主要配置属性如表 8.9 所示。

表 8.9　Kibana的主要配置属性

属　　　性	描　　　述
server.name	设置服务名
server.port	设置服务端口，默认5601
server.host	后端服务地址，默认localhost
server.maxPayload	最大负载
server.basePath	如果使用代理，则设置地址
server.compression.enabled	设置HTTP压缩，默认true
server.compression.referrerWhitelist	设置白名单
server.socketTimeout	关闭Socket连接等待时间，默认120s
server.ssl.enabled	开启SSL/TLS连接
elasticsearch.hosts	连接地址，默认["http://localhost:9200"]
elasticsearch.startupTimeout	连接Elaticsearch的等待时间，默认5s
elasticsearch.username	Elaticsearch的用户名
elasticsearch.password	Elaticsearch的用户密码

8.4.3　Kibana 日志可视化

前面章节提到过，Kibana 是用来分析和展示数据的组件，通常日志数据保存在 Elasticsearch 中。如果想要通过 Kibana 来可视化日志数据，则需要创建一个索引模式。索引模式可以告知 Kibana 哪些 Elasticsearch 索引包含需要处理的数据。创建了索引模式后就可以完成以下操作：

- 在 Discover 模块中交互式地查询和展示数据。
- 在 Visualize 模块中添加分析图表和表格等图形数据。
- 在 Canvas 模块中显示数据。
- 还可以展示地理数据，并使用地图将其可视化。

要创建索引模式，首先选择 Stack Management 选项，如图 8.6 所示。然后选择 Kibana 选项，再选择 Index Patterns 选项，如图 8.7 所示。

图 8.6　Stack Management 模块 　　　　　图 8.7　Index Patterns 模块

创建 Index Pattern 界面，如图 8.8 所示。

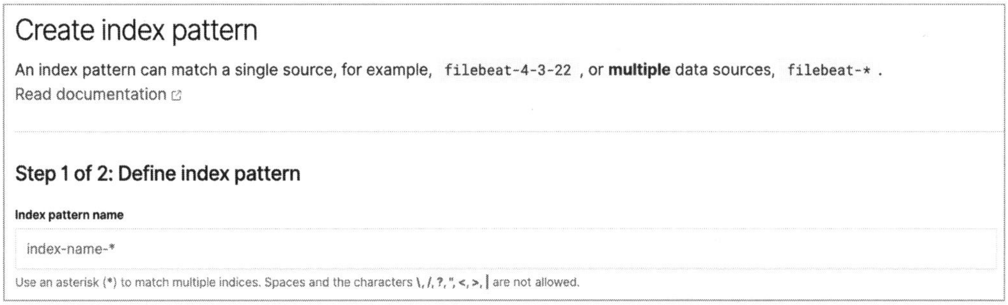

图 8.8　创建 Index Pattern 页面

自定义索引模式时，输入索引模式字段，Kibana 可以查找与之匹配的 Elasticsearch 索引名称。索引模式可以匹配多个 Elasticsearch 索引，一般使用通配符（*）和排除符（-）。配置索引模式完成后，单击 Kibana 下的 Discover 模块，即可看到收集的日志，如图 8.9 所示。

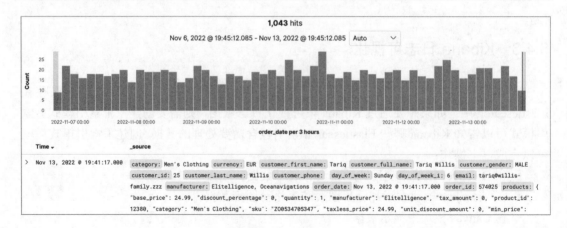

图 8.9　日志展示

如果匹配的索引中包含基于时间的事件，并且定义的索引模式中配置了时间字段，则需要设置一个时间过滤器。设置时间过滤器后，仅显示指定时间范围内的数据。时间过滤器如图 8.10 所示。

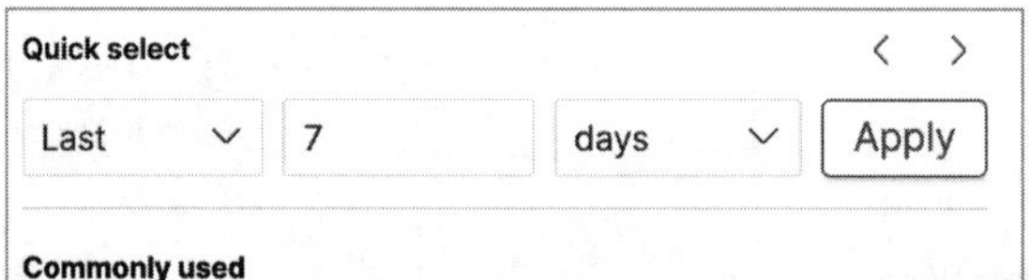

图 8.10　时间过滤器

Kibana 提供的 Kibana Query Language（KQL）可以轻易地显示 Elaticsearch 数据。在搜索输入框中输入查询字段即可显示结果，如图 8.11 所示。

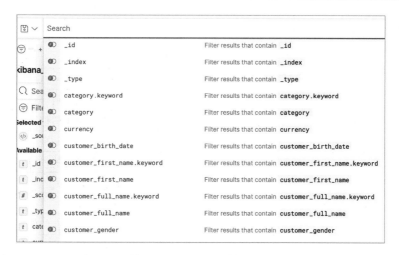

图 8.11　KQL 搜索

KQL 提供以下几种查询语法：

第一种是字段匹配。例如，匹配响应字段为 200 的文档，查询语法如下：

```
response:200
```

第二种是 Boolean 语法查询，KQL 支持 or、and 和 not。例如，匹配响应为 200 或 500 的文档，查询语法如下：

```
response:(200 or 500)
```

例如，匹配响应为 200 但扩展名不是 java 或 class 的文档，查询语法如下：

```
response:200 and not (extension:java or extension:class)
```

第三种是范围查询，支持对数字或日期进行>、>=、<以及<=查询。示例如下：

```
account_number >= 1000 and items_sold <= 2000
@timestamp < "2022-11"
```

Kibana 提供了一些高级搜索条件，可以针对字段进行等于或范围内的过滤。单击 Add filter 添加过滤条件，如图 8.12 所示。

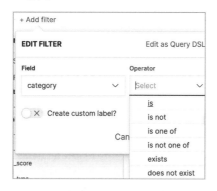

图 8.12　添加过滤条件

过滤的主要操作如表 8.10 所示。

表 8.10　过滤操作

操　　作	描　　述
is	匹配给出的值
is not	不匹配给出的值
is one of	匹配其中的一个
is not one of	不匹配其中的任何一个
is between	在范围内
is not between	不在范围内
exists	任何一个存在的值
does not exist	不存在的值

8.5　总　　结

本章主要讲解了分布式系统日志收集组件 ELK（Elasticsearch Logstash Kibana）的相关知识。在分布式系统中，可以使用 Filebeat 和 Logstash 等组件在服务端进行日志收集（日志信息存储在 Elasticsearch 分布式存储引擎中），然后通过 Kibana 进行数据可视化与查询。分布式日志收集系统可以将分散在各个服务器上的日志进行实时收集，当线上出现问题时，可以通过 Kibana 组件对日志信息进行查询和过滤，并进行快速定位，从而及时解决问题。

第3篇
分布式系统编排与部署

第 9 章 容器化技术之 Docker

随着近几年 Docker 的风靡，容器化技术已经是开发人员必须掌握的基础知识。容器化技术推动了云计算的大力发展，成为各个公司的基础建设设施。虚拟化并不是新技术，早期 Linux 就有虚拟化技术——LXC，在普通的机器上可以安装 VMware 或 VirtualBox，然后安装操作系统，就可以在本机上搭建一个虚拟机来运行应用程序。但是其使用很繁杂，而 Docker 可以以更低的成本做到更快的发布和移植。基于以上特性，Docker 迅速得到关注并快速发展。当前，如阿里云和百度云等各大主流云厂商都支持 Docker。本章从 Docker 的基础理论入手，讲解 Docker 的组成及其基本命令，帮助读者迅速掌握 Docker 容器化技术。

9.1　容器化概述

企业级应用部署经历了物理机部署到虚拟机部署，再到现在容器化部署方式的演变。物理机部署的方式有很多缺点，例如采购成本高、机器扩展不友好等。后来随着虚拟化技术的发展，以虚拟机部署的方式变成可能，一台物理机可以虚拟出多台虚拟机，对资源进行隔离，但是每个虚拟机都需要安装一个操作系统。例如，部署一个很小的应用程序也需要一个庞大的操作系统，这造成整个虚拟机会占用很大的磁盘空间。Docker 诞生后，标准的容器化技术带来了很多好处，例如快速部署、一致性迁移、动态扩展、持续集成和自动化部署等。本节主要讲解容器化技术的发展历程。

9.1.1　从虚拟化到容器化

从逻辑上讲，虚拟化技术可以将一台物理机的资源进行分配，虚拟出多台虚拟机。通过 Hypervisor（虚拟机监控程序）将计算机资源和硬件分离，然后对计算机资源（CPU、内存、磁盘等）进行分配。虚拟化技术架构如图 9.1 所示。

在 Docker 之前，容器化技术已经发展了一段时间，如 LXC 和 OpenVZ 等。在 Docker 风靡之前，各大厂商都推出了各自的容器技术，这些容器没有统一的规范和标准。容器诞生的主要目的是将开发、发布与编排融为一体，开发者在本地开发完应用程序可以在任何环境下运行。容器就像一个集装箱，封装了程序运行所需要的环境和运行时库等。以 Docker

为例的容器架构如图 9.2 所示。

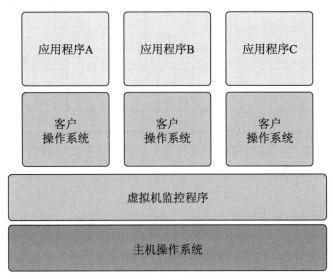

图 9.1　虚拟化技术架构

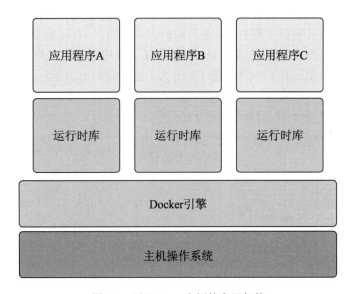

图 9.2　以 Docker 为例的容器架构

容器有时候看起来像一个小型虚拟机，其实两者显著不同。表 9.1 列出了虚拟机与容器的不同之处。

表 9.1　虚拟机与容器的对比

特　　性	虚　拟　机	容　　器
启动时间	分钟级别	秒级别
占用大小	GB级别	MB级别
单机支持	一般几个	成百上千个
性能	高	低
可移植性	高	低

从表 9.1 中可以看到，容器化技术相比虚拟机体积更小、移植性更好、扩展性更强，比虚拟机具有更大的优势。

9.1.2　容器化与 Docker

上一节提到，在 Docker 诞生之前容器化技术已经发展了几十年。例如，FreeBSD 推出了 Jails，谷歌公司为 Linux 内核开发了 CGroups 技术，还有 Linux 容器（Linux Containers，LXC）项目等。LXC 将 ControlGroups、NameSpace 和 Chroot 等技术融合，提供了一套容器解决方案。Docker 最开始也是基于 LXC 而来，并且弥补了 LXC 的一些不足。

容器化技术就是共享宿主机内核，在不同的命名空间下，对进程和网络资源进行隔离，并允许创建不同的文件系统层级。Docker 容器简化了应用程序的工作，就像集装箱改革了货物运输一样。开发者只需关注应用程序的开发，而不用担心本地环境与测试环境和生产环境依赖关系的不同而带来的配置问题。

Docker 容器化的三大核心技术如图 9.3 所示。

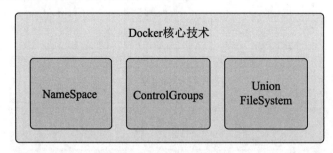

图 9.3　Docker 的三大核心技术

- NameSpace：命名空间，是 Linux 提供的一种用于隔离进程、网络、挂载点与进程间通信等资源的方法，这样可以让多个应用服务做到相互隔离。
- ControlGroups：NameSpace 提供了进程、网络和文件系统逻辑上的隔离，而 ControlGroups 提供了 CPU 和内存等物理上的资源隔离方法。
- Union FileSystem：解决镜像问题的技术，该技术可以将多个文件系统层级挂载到一个文件系统下。

9.2　Docker 概述

2008 年，Docker 之父 Solomon Hykes 与朋友成立了 dotCloud 公司。最开始公司主要做 PaaS（Platform as a Service）的相关平台，公司发展得不温不火。在 2013 年，Solomon Hykes 做出了一个重大决定，将内部孵化的产品 Docker 开源。Docker 因其方便移植、便于集成等特性迅速流行开来。Docker 由镜像、运行时和仓库等组件组成，将应用程序等依赖打包到一个容器中，具有方便装载、移植和运行等特点。Docker 的出现大大推动了容器化技术。当前主流的云平台全都提供对 Docker 的支持。后来 dotCloud 公司也改名为 Docker Inc。本节将详细讲解 Docker 的架构，并通过一个示例展示 Docker 的应用。

9.2.1　Docker 简介

Docker 是一个用于开发、发布和运行应用程序的开放平台。它能够将应用程序与基础架构分离开来，从而可以快速交付应用。使用 Docker，可以让用户像管理应用程序一样管理基础架构。通过利用 Docker 快速发布、测试和部署代码的优势，可以显著减少编写程序与交付应用之间的步骤。

Docker 提供在容器中打包和运行应用程序的功能。容器具有隔离性与安全性，可以在一个宿主机上运行多个容器；容器是轻量级的，包含运行应用程序所需的所有依赖，且不依赖主机的环境；容器是可移植的，且移植后的容器以同样的方式运行。Docker 作为一个平台，它提供了相应的工具来管理容器的全生命周期。Docker 的特性主要包含下面几点：

- 可以快速、持续性地交付应用程序。Docker 允许开发者使用本地容器在标准化环境中工作，从而简化整个开发的生命周期。容器对于持续集成和交付是非常有用的。
- 可以进行响应式的部署和扩展。Docker 是基于容器的平台，它是高度可移植性的。Docker 容器可以在开发者的笔记本电脑上运行，也可以在物理机、虚拟机、公有云、私有云和混合云上运行。Docker 容器的可移植性和轻量级特性也使得动态管理变得容易，开发者可以根据业务需求以接近实时响应的方式扩展或加载应用程序。
- 可以在同一个主机上运行更多的工作负载：Docker 是轻量级且快速响应的容器，也是一种可行且低成本的方案。Docker 非常适合高密度型部署，能用更少的资源完成更多的工作。

9.2.2　Docker 架构

Docker 采用 C/S（客户端/服务器）架构。Docker 客户端与 Docker 的守护进程进行通信，后者用来执行构建、运行和分发 Docker 容器。Docker 客户端可以和守护进程在同一个系统上运行，也可以通过远程通信运行。Docker 客户端和守护进程通信可以使用 REST API 和 UNIX 套接字等方式。Docker 架构如图 9.4 所示。

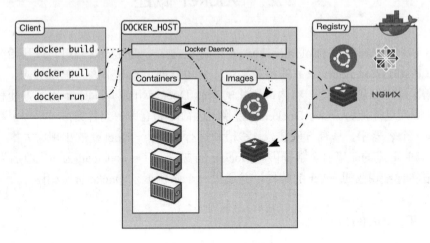

图 9.4　Docker 架构

可以看到，Docker 主要包括 Docker Daemon、Docker Client、Docker Registry、Docker Objects（Images 和 Containers）等。

- Docker Client（客户端）：Docker 用户通过客户端与 Docker 进行交互，用户可以使用 docker run 命令来运行某个容器。客户端将命令发送给 Docker，守护进程监听到这些命令后执行它们。Docker 的相关命令会在后续章节详细讲解。
- Docker Daemon（守护进程）：监听 Docker API 请求，以管理镜像、容器、网络和卷等 Docker 资源。Docker Daemon 还可以与其他守护进程通信，来管理 Docker 服务。
- Docker Registry（Docker 仓库）：用来存储 Docker 镜像。Docker 提供了一个公共仓库——Docker Hub，国内也提供了 Docker 的镜像仓库。另外还可以自己搭建私有仓库。使用 docker pull 命令可以在仓库里拉取镜像，docker push 命令可以推送镜像到仓库。
- Images（镜像）：Docker 镜像是一个只读模板，其中包含创建和运行 Docker 容器的指令。通常来说，一个镜像是基于另一个镜像而存在的，另外还需要进行一些额外的配制。例如，用户构建了一个基于 Ubuntu 镜像的镜像，但是还要安装 Tomcat 和应用程序，以及运行应用程序所需要的配置。用户可以自己创建镜像，也可以使用仓库中其他人创建的镜像。如果要创建自己的镜像，需要一个 Dockerfile 文件，并且编写一些语句来定义创建和运行镜像所需要的步骤。Dockerfile 中的每一条指令都会在镜像里创建一层。如果更新 Dockerfile 并重新生成镜像，则只有那些已更改的层才会重新生成。和其他虚拟化技术相比，这也是镜像如此轻量、小型和快速的原因之一。

- Containers（容器）：API 或客户端命令对容器进行操作，包括创建、启动、停止、移动和删除等。容器可以连接到多个网络，并为容器添加存储。通常而言，容器之间是相互隔离的，用户也可以设置隔离程度。

9.2.3　Docker 安装

Docker Desktop 是一个适用于 Mac 或 Windows 环境的简易安装应用程序，它能够构建和共享容器化应用程序或微服务。Docker Desktop 包括 Docker Daemon、Docker Client、Docker Compose、Docker Content Trust、Kubernetes 和 Credential Helper 组件。本节讲解 Docker Desktop 的安装过程：以 Mac 环境为例安装 Docker Desktop。

安装 Docker Desktop 一般有两种方式：一种是通过 Homebrew 来安装，另一种是通过官网手动下载安装包的方式安装。本节采用第一种方式进行安装。

在本地命令行中输入以下命令：

```
$ brew install --cask --appdir=/Applications docker
```

安装完成之后就会看到 Docker 图标。启动程序后进入 Docker Desktop 主界面，如图 9.5 所示。

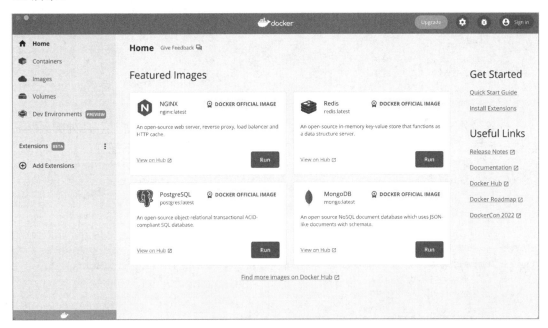

图 9.5　Docker Desktop 主界面

启动终端，输入以下命令：

```
$ docker -version
```

打印 Docker 的版本信息：

```
Client:
 Cloud integration: v1.0.24
 Version:           20.10.14
 API version:       1.41
 Go version:        go1.16.15
 Git commit:        a224086
 Built:             Thu Mar 24 01:49:20 2022
 OS/Arch:           darwin/amd64
 Context:           default
 Experimental:      true

Server: Docker Desktop 4.8.2 (79419)
 Engine:
  Version:          20.10.14
  API version:      1.41 (minimum version 1.12)
  Go version:       go1.16.15
  Git commit:       87a90dc
  Built:            Thu Mar 24 01:46:14 2022
  OS/Arch:          linux/amd64
  Experimental:     false
 containerd:
  Version:          1.5.11
  GitCommit:        3df54a852345ae127d1fa3092b95168e4a88e2f8
 runc:
  Version:          1.0.3
  GitCommit:        v1.0.3-0-gf46b6ba
 docker-init:
  Version:          0.19.0
  GitCommit:        de40ad0
```

拉取国外 Docker Hub 的镜像非常慢，因此可以配置国内的镜像加速。此处配置网易的镜像加速，在 Docker Desktop 的"设置"-Docker Engine 下添加如下配置：

```
{
  "builder": {
    "gc": {
      "defaultKeepStorage": "20GB",
      "enabled": true
    }
  },
  "experimental": false,
  "features": {
    "buildkit": true
  },
  "registry-mirrors": [
    "http://hub-mirror.c.163.com"
  ]
}
```

重启 Docker Desktop 之后输入以下命令：

```
$ docker info
```

```
…
Registry Mirrors:
  http://hub-mirror.c.163.com/
```

可以看到配置的镜像加速已经生效。

9.2.4　Docker 应用示例

本节通过安装 Nginx 镜像来演示 Docker 的使用。想要使用 Docker，需要先下载镜像，首先可以通过下面的 Docker 命令搜索一下 Nginx 镜像：

```
$ docker search nginx
```

然后拉取官方的最新镜像，命令如下：

```
$ docker pull nginx:latest
```

拉取到本地后查看镜像信息，命令如下：

```
$ docker images
REPOSITORY      TAG           IMAGE ID           CREATED         SIZE
nginx           latest        0e901e68141f       11 days ago     142MB
```

在 Docker Desktop 中也能看到本地的镜像信息，如图 9.6 所示。

图 9.6　查看本地镜像信息

拉取 Nginx 的容器镜像后，接下来就可以运行容器。执行以下命令运行 Nginx 容器：

```
$ docker run --name nginx-test -p 8080:80 -d nginx
```

查询所有容器，命令如下：

```
$ docker ps -a
CONTAINER ID  IMAGE     COMMAND         CREATED
STATUS                PORTS                NAMES
1c3e1624cdd5 nginx "/docker-entrypoint.…" About a minute ago Up About a
minute 0.0.0.0:8080->80/tcp nginx-test
```

此时可以看到本地已经运行了 Nginx 容器。打开本地浏览器，输入 URL 地址 http://localhost:8080/，可以看到 Nginx 能够正常返回。

9.3　Docker 命令

Docker 是一种 C/S 架构，可以通过 Docker 客户端命令对 Docker 容器和镜像等资源进行操作，例如运行一个容器、杀死一个容器、打包镜像等。所以，不仅运维人员需要掌握 Docker 命令，开发人员同样也必须掌握 Docker 命令。本节基于容器的整个生命周期管理来介绍 Docker 的操作命令。

9.3.1　容器生命周期管理命令

一个容器的生命周期包括创建、运行、启动、暂停、重启、杀死和移除等状态。通过不同的命令可以改变 Docker 容器的状态。Docker 的生命周期状态如图 9.7 所示。

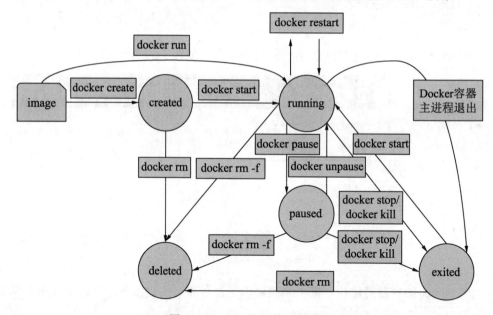

图 9.7　Docker 的生命周期状态

- created：创建状态。
- running：运行时状态。
- stopped：停止状态。
- paused：暂停状态。
- deleted：删除状态。

可以通过以下命令查看 Docker 的相关命令：

```
$ docker COMMAND --help

Usage: docker [OPTIONS] COMMAND

A self-sufficient runtime for containers

Options:
     --config string Location of client config files (default "/Users/
chengkai.xie/.docker")
  -c, --context string Name of the context to use to connect to the daemon
(overrides DOCKER_HOST env var and default context set with "docker context
use")
  -D, --debug           Enable debug mode
  -H, --host list       Daemon socket(s) to connect to
  -l, --log-level string  Set the logging level ("debug"|"info"|"warn"|
"error"|"fatal") (default "info")
     --tls             Use TLS; implied by --tlsverify
     --tlscacert string   Trust certs signed only by this CA(default
"/Users/chengkai.xie/.docker/ca.pem")
     --tlscert string     Path to TLS certificate file(default "/Users/
chengkai.xie/.docker/cert.pem")
     --tlskey string      Path to TLS key file (default "/Users/chengkai.xie/
.docker/key.pem")
     --tlsverify          Use TLS and verify the remote
  -v, --version           Print version information and quit

Management Commands:
  builder     Manage builds
  buildx*     Docker Buildx (Docker Inc., v0.8.2)
  compose*    Docker Compose (Docker Inc., v2.5.1)
  config      Manage Docker configs
  container   Manage containers
  context     Manage contexts
  image       Manage images
  manifest    Manage Docker image manifests and manifest lists
  network     Manage networks
  node        Manage Swarm nodes
  plugin      Manage plugins
  sbom*       View the packaged-based Software Bill Of Materials (SBOM) for
an image (Anchore Inc., 0.6.0)
  scan*       Docker Scan (Docker Inc., v0.17.0)
  secret      Manage Docker secrets
  service     Manage services
  stack       Manage Docker stacks
  swarm       Manage Swarm
  system      Manage Docker
  trust       Manage trust on Docker images
  volume      Manage volumes

Commands:
  attach      Attach local standard input, output, and error streams to a
running container
  build       Build an image from a Dockerfile
  commit      Create a new image from a container's changes
  cp          Copy files/folders between a container and the local filesystem
```

```
create     Create a new container
diff       Inspect changes to files or directories on a container's
filesystem
events     Get real time events from the server
exec       Run a command in a running container
export     Export a container's filesystem as a tar archive
history    Show the history of an image
images     List images
import     Import the contents from a tarball to create a filesystem image
info       Display system-wide information
inspect    Return low-level information on Docker objects
kill       Kill one or more running containers
load       Load an image from a tar archive or STDIN
login      Log in to a Docker registry
logout     Log out from a Docker registry
logs       Fetch the logs of a container
pause      Pause all processes within one or more containers
port       List port mappings or a specific mapping for the container
ps         List containers
pull       Pull an image or a repository from a registry
push       Push an image or a repository to a registry
rename     Rename a container
restart    Restart one or more containers
rm         Remove one or more containers
rmi        Remove one or more images
run        Run a command in a new container
save       Save one or more images to a tar archive (streamed to STDOUT
by default)
search     Search the Docker Hub for images
start      Start one or more stopped containers
stats      Display a live stream of container(s) resource usage statistics
stop       Stop one or more running containers
tag        Create a tag TARGET_IMAGE that refers to SOURCE_IMAGE
top        Display the running processes of a container
unpause    Unpause all processes within one or more containers
update     Update configuration of one or more containers
version    Show the Docker version information
wait       Block until one or more containers stop, then print their exit
codes
```

本节主要介绍 Docker 生命周期管理的一些相关命令。

1. docker create命令

```
$ docker create [OPTIONS] IMAGE [COMMAND] [ARG...]
```

Docker 容器的创建命令通过特定镜像创建一个新的容器，但是不启动它。在创建容器时，Docker 守护进程会在指定的镜像上创建一个可写的容器层，并准备好将要运行的指令。当用户想提前设置一些容器配置并想随时启动这个容器时，创建命令非常有用。docker create 与 docker run 命令的很多参数相似。创建新容器后的状态是 Created。下面的命令用于创建一个名为 nginx-docker 的 Nginx 容器：

```
$ docker create --name nginx-docker -p 8080:80  nginx:latest
2c5af3d030dffba8784414886ff8d5a73465c7ebf175ee1f93f0f2201f9457ad
```

创建容器后查询容器状态，命令如下：

```
$ docker ps -a
CONTAINER ID    IMAGE     COMMAND    CREATED    STATUS    PORTS    NAMES
2c5af3d030df    nginx:latest    "/docker-entrypoint.…"    4 minutes ago
Created              nginx-docker
```

此时 Nginx 容器是不能被访问的。

2．docker start命令

```
$ docker start [OPTIONS] CONTAINER [CONTAINER...]
```

通过 docker start 命令可以启动 Created 状态的容器，容器状态从 Created 变为 Up。以
下命令启动 Nginx 容器：

```
$ docker start nginx-docker
```

启动容器后查询容器的状态，命令如下：

```
$ docker ps -a
CONTAINER ID    IMAGE     COMMAND CREATED STATUS    PORTS    NAMES
2c5af3d030df    nginx:latest    "/docker-entrypoint.…"    4 minutes ago    Up 2
seconds    0.0.0.0:8080->80/tcp    nginx-docker
```

从以上命令可以看到，Nginx 容器已经是 Up 状态了，此时访问 http://localhost:8080/，
可以正常返回。

3．docker run命令

```
$ docker run [OPTIONS] IMAGE [COMMAND] [ARG...]
```

使用 docker run 命令首先在指定的映像上创建一个可写的容器层，然后使用指定的命
令启动它。通常来说，docker run 命令等效于 docker create 加上 docker start 命令。以下命
令可以运行一个 Nginx 容器：

```
$ docker run --name nginx-docker -p 8080:80 -d nginx:latest
```

启动容器后查询容器的状态，命令如下：

```
$ docker ps -a
CONTAINER ID    IMAGE   COMMAND   CREATED   STATUS   PORTS   NAMES
f9ea7c97acd8    nginx:latest    "/docker-entrypoint.…"    About an hour ago
Up About an hour    0.0.0.0:8080->80/tcp    nginx-docker
```

从以上命令可以看到，Nginx 容器已经是 Up 状态了，此时访问 http://localhost:8080/，
可以正常返回。

4．docker pause命令

```
$ docker pause CONTAINER [CONTAINER...]
```

使用 docker pause 命令能够挂起指定容器里的进程，使容器状态变成 Paused。以下命
令可以挂起 Nginx 容器：

```
$ docker pause nginx-docker
```

使用以下命令查询容器状态：

```
$ docker ps -a
CONTAINER ID   IMAGE   COMMAND   CREATED   STATUS   PORTS   NAMES
2c5af3d030df   nginx:latest   "/docker-entrypoint.…"   27 minutes ago   Up
22 minutes (Paused)   0.0.0.0:8080->80/tcp   nginx-docker
```

5. docker unpause命令

```
$ docker unpause CONTAINER [CONTAINER...]
```

使用 docker unpause 命令恢复容器中所有挂起的进程。示例如下：

```
$ docker unpause nginx-docker
```

通过以下查询命令查看容器状态，又从 Paused 变为 Up 了：

```
$ docker ps
CONTAINER ID   IMAGE   COMMAND   CREATED   STATUS   PORTS   NAMES
2c5af3d030df   nginx:latest   "/docker-entrypoint.…"   36 minutes ago   Up
31 minutes   0.0.0.0:8080->80/tcp   nginx-docker
```

6. docker stop命令

```
$ docker stop [OPTIONS] CONTAINER [CONTAINER...]
```

docker stop 命令会停止容器，容器状态变为 Exited。以下命令将停止 Nginx 容器的运行：

```
$ docker stop nginx-docker
```

再次查询容器的状态，命令如下：

```
$ docker ps -a
CONTAINER ID   IMAGE   COMMAND   CREATED   STATUS   PORTS   NAMES
2c5af3d030df   nginx:latest   "/docker-entrypoint.…"   6 hours ago
Exited (0) 7 seconds ago             nginx-docker
```

7. docker restart命令

```
$ docker restart [OPTIONS] CONTAINER [CONTAINER...]
```

使用 docker restart 命令可以恢复容器的运行。恢复 Nginx 容器运行的命令如下：

```
$ docker restart nginx-docker
```

查询容器的状态：

```
$ docker ps
CONTAINER ID   IMAGE   COMMAND   CREATED   STATUS   PORTS   NAMES
2c5af3d030df   nginx:latest   "/docker-entrypoint.…"   6 hours ago   Up 4
seconds   0.0.0.0:8080->80/tcp   nginx-docker
```

8. docker kill命令

```
$ docker kill [OPTIONS] CONTAINER [CONTAINER...]
```

前面提到 docker stop 命令可以停止一个容器，docker kill 命令可以杀死一个或多个容器。通过发送 SIGKILL 信号来杀死主进程，stop 命令会有一个缓冲时间，kill 命令则直接杀死容器。例如，以下命令会杀死 Nginx 容器：

```
$ docker kill nginx-docker
```

查询容器状态：

```
$ docker ps -a
CONTAINER ID  IMAGE  COMMAND  CREATED  STATUS  PORTS  NAMES
2c5af3d030df   nginx:latest  "/docker-entrypoint.…"   6 hours ago
Exited (137) 7 seconds ago              nginx-docker
```

9. docker exec命令

```
$ docker exec [OPTIONS] CONTAINER COMMAND [ARG...]
```

使用 docker exec 命令可以在运行的容器中运行一个指令。示例如下：

```
$ docker exec -i -t nginx-docker /bin/bash
```

输入以下命令，该命令在容器中被执行：

```
# echo "hello docker"
hello docker
```

10. docker rm命令

```
$ docker rm [OPTIONS] CONTAINER [CONTAINER...]
```

使用 docker rm 命令可以移除一个或多个容器。移除 Nginx 容器，示例如下：

```
$ docker rm nginx-docker
```

9.3.2　容器操作命令

容器是作为容器镜像的运行时存在的。本节将讲解操作容器的相关命令。

1. docker version命令

```
$ docker version [OPTIONS]
```

使用 docker version 命令可以查看容器版本信息。示例如下：

```
$ docker version
Client:
 Cloud integration: v1.0.24
 Version:        20.10.14
 API version:    1.41
 Go version:     go1.16.15
 Git commit:     a224086
 Built:          Thu Mar 24 01:49:20 2022
 OS/Arch:        darwin/amd64
 Context:        default
 Experimental:   true
```

2. docker info 命令

```
$ docker info [OPTIONS]
```

使用 docker info 命令可以显示 Docker 系统信息。示例如下：

```
$ docker info
Client:
 Context:    default
 Debug Mode: false
 Plugins:
  buildx: Docker Buildx (Docker Inc., v0.8.2)
  compose: Docker Compose (Docker Inc., v2.5.1)
  sbom: View the packaged-based Software Bill Of Materials (SBOM) for an
image (Anchore Inc., 0.6.0)
  scan: Docker Scan (Docker Inc., v0.17.0)
```

3. docker ps命令

```
$ docker ps [OPTIONS]
```

使用 docker ps 命令，可以列出运行着的容器。如果想要查看所有的容器，则可以使用-a 或--all 参数，命令如下：

```
$ docker ps -a                                              .
CONTAINER ID  IMAGE  COMMAND  CREATED  STATUS  PORTS  NAMES
06e7feb44a45  nginx:latest  "/docker-entrypoint.…"  3 days ago  Up 28
minutes  0.0.0.0:8080->80/tcp  nginx-docker
```

4. docker inspect命令

```
$ docker inspect [OPTIONS] NAME|ID [NAME|ID...]
```

如果想要获取容器的元数据，可以使用 docker inspect 命令。示例如下：

```
$ docker inspect nginx-docker
```

5. docker top命令

```
$ docker top CONTAINER [ps OPTIONS]
```

有些容器中不能使用 top 命令。可以使用 docker top 命令查看容器运行的进程信息。示例如下：

```
$ docker top nginx-docker
UID    PID   PPID  C  STIME  TTY  TIME      CMD
root   4043  4017  0  09:51  ?    00:00:00  nginx: master process nginx
                                            -g daemon off;
uuidd  4092  4043  0  09:51  ?    00:00:00  nginx: worker process
uuidd  4093  4043  0  09:51  ?    00:00:00  nginx: worker process
uuidd  4094  4043  0  09:51  ?    00:00:00  nginx: worker process
uuidd  4095  4043  0  09:51  ?    00:00:00  nginx: worker process
```

6. docker events命令

```
$ docker events [OPTIONS]
```

使用 docker events 命令可以实时获取服务的事件信息。示例如下：

```
$ docker events --since="1555553021"
2022-06-08T18:12:00.821109522+08:00 container create 1c3e1624cdd58155f5
27eebe25f0ef9755d683a328c91c55a87ccbf782847b83 (image=nginx, maintainer=
NGINX Docker Maintainers <docker-maint@nginx.com>, name=nginx-test)
```

7. docker logs命令

```
$ docker logs [OPTIONS] CONTAINER
```

使用 docker logs 命令可以获取容器的日志信息。示例如下：

```
$ docker logs nginx-docker
2022/06/14 11:19:05 [notice] 1#1: using the "epoll" event method
2022/06/14 11:19:05 [notice] 1#1: nginx/1.21.6
2022/06/14 11:19:05 [notice] 1#1: built by gcc 10.2.1 20210110 (Debian
10.2.1-6)
2022/06/14 11:19:05 [notice] 1#1: OS: Linux 5.10.104-linuxkit
```

8. docker export命令

```
$ docker export [OPTIONS] CONTAINER
```

使用 docker export 命令，可以将容器文件系统导出为一个 TAR 文件。示例如下：

```
$ docker export --output="latest.tar" nginx-docker
```

9. docker port命令

```
$ docker port CONTAINER [PRIVATE_PORT[/PROTO]]
```

使用 docker port 命令可以列出容器里的端口映射信息。示例如下：

```
$ docker port nginx-docker
80/tcp -> 0.0.0.0:8080
```

10. docker cp命令

```
$ docker cp [OPTIONS] CONTAINER:SRC_PATH DEST_PATH
```

docker cp 命令用于容器与本地文件系统之间的文件复制。示例如下：

```
$ docker cp ./data/1.log nginx-docker:/data
```

11. docker commit命令

```
$ docker commit [OPTIONS] CONTAINER [REPOSITORY[:TAG]]
```

使用 docker commit 命令可以基于容器创建一个新的镜像。示例如下：

```
$ docker commit 06e7feb44a45 nginx:commit
```

12. docker diff命令

```
$ docker diff CONTAINER
```

使用 docker diff 命令可以检查容器文件系统中文件或目录的更改。示例如下：

```
$ docker diff nginx-docker
C /var
C /var/cache
C /var/cache/nginx
A /var/cache/nginx/scgi_temp
A /var/cache/nginx/uwsgi_temp
A /var/cache/nginx/client_temp
A /var/cache/nginx/fastcgi_temp
A /var/cache/nginx/proxy_temp
C /etc
C /etc/nginx
C /etc/nginx/conf.d
C /etc/nginx/conf.d/default.conf
C /run
A /run/nginx.pid
```

9.3.3　容器镜像管理命令

容器镜像本质上是一个文件。本节讲解容器镜像操作的相关命令。

1. docker images命令

```
$ docker images [OPTIONS] [REPOSITORY[:TAG]]
```

如果想查看所有的镜像文件，则采用 docker images 命令。示例如下：

```
$ docker images
REPOSITORY    TAG      IMAGE ID       CREATED       SIZE
nginx         latest   0e901e68141f   3 weeks ago   142MB
```

2. docker history命令

```
$ docker history [OPTIONS] IMAGE
```

显示镜像的历史信息，示例如下：

```
$ docker history nginx
```

3. docker tag命令

```
$ docker tag SOURCE_IMAGE[:TAG] TARGET_IMAGE[:TAG]
```

通过指定源镜像创建 tag 镜像，示例如下：

```
$ docker tag nginx:latest nginx:tag
```

查询镜像列表，示例如下：

```
$ docker images
REPOSITORY      TAG         IMAGE ID        CREATED         SIZE
nginx           latest      0e901e68141f    3 weeks ago     142MB
nginx           tag         0e901e68141f    3 weeks ago     142MB
```

4. docker save命令

```
$ docker save [OPTIONS] IMAGE [IMAGE...]
```

保存镜像到 TAR 类型文档，示例如下：

```
$ docker save --output nginx.tar nginx
```

5. docker load命令

```
$ docker load [OPTIONS]
```

加载一个 TAR 类型打包的镜像，示例如下：

```
$ docker load --input nginx.tar
```

6. docker import命令

```
$ docker import [OPTIONS] file|URL|- [REPOSITORY[:TAG]]
```

通过加载一个 TAR 文档，然后创建新的镜像，示例如下：

```
$ docker import nginx.tar nginx:import
```

7. docker rmi命令

```
$ docker rmi [OPTIONS] IMAGE [IMAGE...]
```

通过 docker rmi 命令删除本地镜像，示例如下：

```
$ docker rmi nginx:tag
```

8. docker build命令

```
$ docker build [OPTIONS] PATH | URL | -
```

使用 docker build 命令可以通过 Dockerfile 来创建镜像文件。示例如下：

```
$ docker build -f /data/Dockerfile -t nginx:build
```

9.3.4　容器仓库管理命令

容器仓库是用来存储容器镜像的，本节讲解一些容器仓库相关的命令。

1. docker login命令

```
$ docker login [OPTIONS] [SERVER]
```

登录到一个 Docker 镜像仓库，示例如下：

```
$ docker login localhost:8080
```

2. docker logout命令

```
$ docker logout [SERVER]
```

退出 Docker 镜像仓库，示例如下：

```
$ docker logout localhost:8080
```

3. docker search命令

```
$ docker search [OPTIONS] TERM
```

搜索镜像文件，示例如下：

```
$ docker search nginx
NAME                DESCRIPTION                 STARS       OFFICIAL
nginx               Official build of Nginx.    16965       [OK]
```

4. docker pull命令

```
$ docker pull [OPTIONS] NAME[:TAG|@DIGEST]
```

使用 docker pull 命令可以从镜像仓库中拉取指定的镜像文件。示例如下：

```
$ docker pull nginx
```

5. docker push命令

```
$ docker push [OPTIONS] NAME[:TAG]
```

使用 docker push 命令可将本地镜像上传到镜像仓库。示例如下：

```
$ docker push nginx:push
```

9.4　Dockerfile 概述

Docker 可以通过读取 Dockerfile 文件中的指令来自动化构建镜像。一个 Dockerfile 是一个文本文档，其中包含用户可以在命令行上调用的所有命令，用来组装镜像。在 9.3 节中，我们知道使用 docker build 命令，可以创建一个自动化的并且能连续执行多条命令行指令的镜像。docker build 命令的参数是一个 Dockerfile 文件。本节主要讲解 Dockerfile 的使用和基本的执行命令。

9.4.1　Docker 镜像构建

在 9.3 节中讲到可以使用 docker build 命令来构建镜像。docker build 命令是通过 Dockerfile 和上下文来构建镜像的。构建时的上下文指的是本地的路径 PATH 或远程 URL 地址上的文件集合。因为本地路径或者远程仓库都包含子目录等，所以处理程序是递归的。下面的命令是指当前目录作为 docker build 命令构建时的上下文：

```
$ docker build
```

镜像的构建是通过 Docker 的守护进程进行的，构建时先将上下文发送给守护进程，然后执行 Dockerfile 中的指令。Docker 守护进程在逐行执行指令时，有的会创建新的镜像，所以整个镜像有可能是多层镜像组合而成的。同时 Docker 还有可能通过缓存的方式来加速构建过程。当构建完成时，可以推送到镜像仓库中。

当然，在构建镜像时，还可以同时指定 tag 来归档存储新镜像。示例如下：

```
$ docker build -t nginx:v1.0 .
```

9.4.2　Dockerfile 指令

想要构建一个 Docker 镜像，首先要有一个 Dockerfile 文件，本节主要讲解 Dockerfile 的指令。Dockerfile 是一个文本文件，文本内容主要包含一条条构建 Docker 镜像所需要的指令。

1. FROM指令

```
FROM [--platform=<platform>] <image>[:<tag>] [AS <name>]
```

FROM 指令可以初始化新的生成阶段，并为后续指令指定基础镜像。通常，一个有效的 Dockerfile 应该以 FROM 指令开始。基础镜像可以是公共仓库中任何有效的镜像。FROM 指令可以在 Dockerfile 中出现多次，使用一个构建的阶段作为另一个构建阶段的依赖。每个 FROM 指令都会清除前面指令创建的任何状态。FROM 指令示例如下：

```
ARG VERSION=latest
FROM busybox:$VERSION
ARG VERSION
RUN echo $VERSION > image_version
```

2. RUN指令

```
RUN <command> or RUN ["executable", "param1", "param2"]
```

RUN 指令有两种格式，RUN 指令在当前镜像新的一层里执行命令，然后提交结果，生成的镜像将用于下一阶段。示例如下：

```
RUN /bin/bash -c 'echo hello'  or
RUN ["/bin/bash", "-c", "echo hello"]
```

3. CMD指令

```
CMD ["executable","param1","param2"] or
CMD ["param1","param2"]  or
CMD command param1 param2
```

容器运行时执行，Dockerfile 文件中只能有一条 CMD 指令。如果有多条 CMD 指令，那么只有最后一条 CMD 指令生效。CMD 指令的主要目的是给正在执行的容器提供默认值。示例如下：

```
FROM ubuntu
CMD echo "This is a test."
or
FROM ubuntu
CMD ["/usr/bin/wc","--help"]
```

4. LABEL指令

```
LABEL <key>=<value> <key>=<value> <key>=<value> ...
```

LABEL 指令用于为镜像添加元数据，LABEL 通常是键-值对。示例如下：

```
LABEL version="1.0"
```

5. MAINTAINER指令

```
MAINTAINER <name>
```

MAINTAINER 指令用于设置镜像的作者。示例如下：

```
MAINTAINER "chengkai"
```

6. EXPOSE指令

```
EXPOSE <port> [<port>/<protocol>...]
```

EXPOSE 指令用于通知 Docker 容器在运行时监听的网络端口。可以指定端口是监听 TCP 还是 UDP，如果未指定，则默认端口为 TCP。示例如下：

```
EXPOSE 80/tcp
```

7. ENV指令

```
ENV <key>=<value> ...
```

ENV 指令用于设置环境变量，它也是键-值对。此值将存在于构建阶段中所有后续指令的环境中，并且可以在许多环境中以内联方式替换。示例如下：

```
ENV ACTIVE_ENV="dev"
```

8. ADD指令

```
ADD [--chown=<user>:<group>] <src>... <dest>
or
ADD [--chown=<user>:<group>] ["<src>",... "<dest>"]
```

ADD 指令从源地址复制新的文件、目录或远程文件 URL，将它们添加到镜像文件系统的目标路径下。命令格式如下：

```
ADD test.txt /data/
```

9. COPY指令

```
COPY [--chown=<user>:<group>] <src>... <dest>
或
COPY [--chown=<user>:<group>] ["<src>",... "<dest>"]
```

COPY 指令用于从源地址复制新的文件或目录，并将它们添加到容器中的目标路径。命令格式如下：

```
COPY test.txt /data/
```

10. ENTRYPOINT指令

```
ENTRYPOINT ["executable", "param1", "param2"]
或
ENTRYPOINT command param1 param2
```

ENTRYPOINT 是容器执行的入口命令。示例如下：

```
FROM ubuntu
ENTRYPOINT ["top", "-b"]
```

11. VOLUME指令

```
VOLUME ["/data"]
```

VOLUME 指令用于创建一个特定名称的挂载点。示例如下：

```
FROM ubuntu
RUN mkdir /myvol
RUN echo "hello world" > /myvol/greeting
VOLUME /myvol
```

12. WORKDIR指令

```
WORKDIR /path/to/workdir
```

WORKDIR 指令为 Dockerfile 中的 RUN、CMD、ENTRYPOINT、COPY 和 ADD 指令指定工作目录，如果目录不存在，则创建。示例如下：

```
WORKDIR /a
WORKDIR b
WORKDIR c
RUN pwd
```

13. ARG指令

```
ARG <name>[=<default value>]
```

ARG 指令定义一个变量，用户可以在构建时通过 docker build 命令，并使用 build-ARG <varname>=<value>参数将该变量传递给容器。示例如下：

```
FROM busybox
ARG user1
ARG buildno
```

9.5　总　　结

本章主要介绍了 Docker 的相关知识。首先从虚拟化到容器化的相关技术讲起,对虚拟化技术与容器技术进行了比较。可以看出,容器化具有轻量级、可移植、持续集成与发布等特点。Docker 容器技术近几年发展迅速,成为容器化技术的标准。然后介绍了 Docker Desktop 的安装与使用示例。最后讲解了 Docker 容器生命周期管理、容器镜像、Dockerfile 等相关使用命令,这些命令也是开发人员所必备的基础知识。

第 10 章　容器编排引擎 Kubernetes

随着 Docker 容器技术的发展，Google 公司内部孵化出一款开源的容器集群管理工具——Kubernetes。Kubernetes 作为容器编排引擎，它可以对容器化的应用进行自动化部署、扩容或收缩以及管理。近年来，Kubernetes 发展迅速，已经在各大互联网公司广泛应用。本章主要讲解 Kubernetes 的架构原理、核心概念，以及如何通过命令对一个容器化应用进行编排管理，最后介绍开源 Kubernetes 包管理工具 Helm，它可以帮助我们管理 Kubernetes 应用程序。

10.1　Kubernetes 概述

Kubernetes 也称 K8s（由首字母 K，首字母与尾字母之间有 8 个字符，尾字母 s 连接，简称 K8s），是由 Google 公司开发并开源的，托管在 CNCF（Cloud Native Computing Foundation）。Kubernetes 的前身是 Borg 系统，Borg 系统是 Google 公司内部的"秘密武器"，是一个大规模的集群管理系统。Google 公司一开始就探索容器化技术，Borg 系统一直是其内部容器应用的管理平台。随着 Docker 作为容器引擎的快速发展，推出 Docker Compose、Docker Machine、Docker Swarm 编排套件，Docker 平台的发展已经触及各个地方。也可能出于商业目的，Google 公司联合 RedHat 等厂商推出 CNCF，Kubernetes 是第一个开源项目。Kubernetes 与 Docker Swarm 经历多次交锋后，市场占有率远远超过 Docker Swarm，最终赢得容器编排平台大战。Kubernetes 为什么会赢得最后的胜利？它有什么更先进的理念？本节重点讲解 Kubernetes 相关的架构原理与重要组成部分。

10.1.1　Kubernetes 的发展历史

Kubernetes 是一个开源的容器编排引擎，可以用来管理云平台中多个主机上的容器化的应用。它可以通过声明式配置对容器化应用进行自动化部署、扩缩和管理。Kubernetes 的目标就是让部署容器化的应用变得简单并且高效。Kubernetes 拥有一个庞大且完善的生态系统，Kubernetes 有很多插件工具可以使用。Kubernetes 这个名字源于希腊语，意为"舵手"或"领航员"，它的图标是一个船尾舵，非常形象。

Kubernetes 从推出到现在发展得非常迅速，几乎每隔几个月就推出一个新的版本，

Kubernetes 的发展历史如下：

- 2014 年 6 月，第一版 Kubernetes 发布。
- 2015 年 7 月，Kubernetes v1.0 版本发布。之后，Google 公司与 Linux 基金会组建了 CNCF。
- 2016 年 9 月，Kubernetes v1.4 版本发布，推出一种新工具 Kubeadm。
- 2017 年 6 月，Kubernetes v1.7 版本发布，容器编排标准添加了本地存储。
- 2017 年 9 月，Kubernetes v1.8 版本发布，增加基于角色访问控制（RBAC），用于控制对 Kubernetes API 的访问的机制。
- 2018 年 3 月，Kubernetes v1.10 版本发布。
- 2019 年 3 月，Kubernetes v1.14 版本发布，推出 Kubectl 全新文档。
- 2020 年 3 月，Kubernetes v1.18 版本发布。
- 2021 年 8 月，Kubernetes v1.22 版本发布。

容器化技术将我们的应用和运行环境打包在一个容器中，然后部署在生产环境。Kubernetes 为我们提供了一个可弹性运行分布式系统的框架。它能满足生产环境需要的扩展要求、故障转移、部署模式等。Kubernetes 为我们提供了如下多种服务：

- 服务发现和负载均衡：Kubernetes 可以使用 DNS 名称或自己的 IP 地址公开容器，如果进入容器的流量很大，Kubernetes 可以负载均衡并分配网络流量，从而使应用服务变得稳定。
- 存储编排：Kubernetes 允许自动挂载用户选择的存储系统，例如：本地存储或公共云提供商等。
- 自动部署和回滚：通过声明式配置，使用 Kubernetes 能够自动化完成新容器的创建、删除和回滚操作。
- 自动完成装箱计算：Kubernetes 允许用户指定每个容器所需要的内核 CPU 和内存（Memory）。当容器指定了资源请求时，Kubernetes 可以做出更好的决策来管理容器的资源。
- 自我修复：Kubernetes 可以自动执行重启失败的容器、替换容器、杀死不响应用户定义的运行状况检查的容器，并且在准备好服务之前不将其通知给客户端。
- 密钥与配置管理：Kubernetes 允许用户存储和管理敏感信息，例如密码、OAuth 令牌和 SSH 密钥等。

10.1.2　Kubernetes 架构

Kubernetes 通常是一个集群，它由一组被称作节点（Node）的机器组成，这些节点上运行着 Kubernetes 所要管理的容器化应用。Kubernetes 集群至少有一个工作节点，工作节点托管作为应用负载的组件 Pod。控制面板组件管理集群中的工作节点和 Pod，控制面板组件一般跨多个主机运行。

本节主要讲解 Kubernetes 集群中所需的各种组件。图 10.1 展示了 Kubernetes 集群中所包含的相关组件。

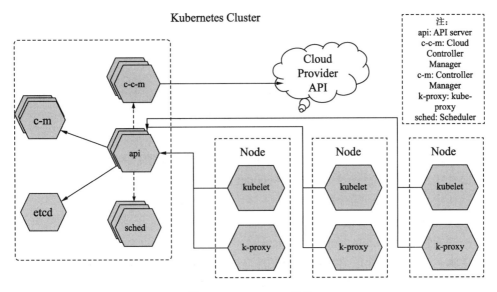

图 10.1　Kubernetes 架构

1. 控制面板组件（Control Plane Components）

控制面板组件需要对集群做出全局决策（比如调度），以及检测和响应集群事件，例如当不满足部署的 replicas 数量时，会启动新的 Pod。通常来说，控制面板组件可以在集群中的任何节点上运行。但是为了简单起见，设置脚本通常会在同一个计算机上启动所有控制面板组件，并且不会在此计算机上运行用户容器。

控制面板组件包含几个重要的组成部分，如 kube-apiserver、etcd、kube-scheduler、kube-controller-manager 和 cloud-controller-manager 等。

（1）kube-apiserver

API Server 是 Kubernetes 控制面板的核心组件，该组件暴露了 Kubernetes API 接口。API Server 负责提供 HTTP API 接口，可以提供用户、集群中的不同组件和集群外部组件相互通信。Kubernetes API Server 可以查询和操作 Kubernetes API 中的对象，例如 Pod、Namespace、ConfigMap 和 Event 的状态。kube-apiserver 是 Kubernetes API Server 的主要实现。kube-apiserver 在设计上考虑了水平扩展，也就是说，它可以通过部署多个实例进行扩展。通过部署多个 kube-apiserver 实例，可以在这些实例之间进行负载均衡。

（2）etcd

etcd 是一个兼具一致性和高可用性的键-值存储数据库，它用来保存 Kubernetes 所有后端集群的数据。当使用 etcd 作为后端存储数据库时需要做备份。

（3）kube-scheduler

kube-scheduler 是控制面板进行调度的组件，它负责监听并创建新的 Pod。如果没有指定节点（Node），它还可以进行节点（Node）的选择。kube-scheduler 在调度时，需要考虑很多因素，包括单个 Pod 或 Pod 集合所需的资源、软件和硬件的约束、时间限制等。

（4）kube-controller-manager

kube-controller-manager 是控制器管理组件。这些控制器分为多种类型，包括：

- 节点控制器（Node Controller）：负责在节点出现故障时进行通知和响应。
- 任务控制器（Job Controller）：创建 Pod 来运行任务。
- 端点控制器（Endpoint Controller）：填充端点对象，例如 Service、Pod 等。
- 服务账户和令牌控制器（Service Account & Token Controller）：为新的命名空间创建默认账户和 API 访问令牌。

（5）cloud-controller-manager

云控制器管理器（cloud-controller-manager）是指 Kubernetes 控制面板嵌入了特定的云控制逻辑。云控制器管理器将用户的集群连接到云提供商的 Open API 上，并且可以区分开不同的交互组件。云控制器管理器仅运行一些特定于云平台的控制器。如果只是在本地运行 Kubernetes，可以不用选择云控制器管理器。云控制器管理器有如下几个：

- 节点控制器（Node Controller）：用于在节点终止响应后检查云提供商，以确定节点是否已被删除。
- 路由控制器（Route Controller）：用于在底层云基础架构中设置路由。
- 服务控制器（Service Controller）：用于创建、更新和删除云提供商的负载均衡。

2．Node组件

Node（节点）组件运行在每一个节点上，维护运行着的 Pod，并提供 Kubernetes 运行时的环境。节点可以是一个虚拟机或者物理机器，取决于所在的集群配置，每个节点包含运行 Pod 所需的服务，这些节点是由控制面板负责管理的。通常 Kubernetes 集群中会有若干个节点，Kubernetes 会持续检查节点的健康状况。如果节点是健康的（所有必要的服务都在运行中），则该节点就可以用来运行 Pod；如果节点不健康，则该节点在变为健康之前，所有的集群操作都会忽略该节点。一个节点的状态主要包括地址、状况、容量与可分配资源以及节点信息等。节点上的组件包括 kubelet、kube-proxy 以及 Container Runtime。

（1）kubelet

kubelet 作为一个 agent 运行在集群中的每个节点（Node）上，可以确保容器都运行在 Pod 中。kubelet 接收一组 PodSpecs 集合，确保这些 PodSpecs 中描述的容器处于运行状态且是健康的。kubelet 不会管理那些不是由 Kubernetes 所创建的容器。kubelet 可以向控制面板发送节点自注册命令。

（2）kube-proxy

kube-proxy 是一个网络代理，运行在集群中的每个节点上。kube-proxy 实现了 Kubernetes 服务（Service）概念的一部分。kube-proxy 维护节点上的网络规则，这些网络规则允许从集群内部或外部的网络与 Pod 进行网络通信。

（3）Container Runtime

容器运行时环境（Container Runtime）是负责运行容器的软件。Kubernetes 支持多个容器运行环境，例如 Docker、containerd、CRI-O 以及任何实现了 Kubernetes CRI（容器运行环境接口）的软件。

3．插件（Addons）

插件通过使用 Kubernetes 的资源（DaemonSet、Deployment 等）来增加集群特色功能。下面介绍众多插件中的几种。

（1）DNS

基本上所有 Kubernetes 集群都应该配置集群 DNS，因为大部分集群都需要 DNS 服务。集群 DNS 是一个 DNS 服务器，和其他的 DNS 服务器一起工作，为 Kubernetes 集群服务提供 DNS 记录。Kubernetes 集群启动的容器会自动将此 DNS 服务器包含在其 DNS 搜索列表之中。

（2）Dashboard

仪表盘（Dashboard）是为 Kubernetes 集群所设计的一个通用的、基于 Web 的用户管理界面。它允许用户管理集群中运行的应用程序以及排除集群本身的故障。

（3）Container Resource Monitoring

容器资源监控会记录一些通用的时间序列度量值，并提供一个用于浏览这些数据的界面。

（4）Cluster-level Logging

集群级别日志机制负责将容器的日志数据保存到一个集中的日志存储中，并能够提供搜索和浏览的接口。

Kubernetes 采用 Master/Node 架构，Master（主节点）控制整个集群，Node（从节点）部署 Pod 提供计算能力。客户端可以采用两种方式与 Kubernetes 集群通信，一种是调用 API 接口，另一种通过命令行方式输入命令。

10.1.3　Kubernetes 的重要概念

在 Kubernetes 集群中，通过实体对象的描述来表示整个集群的状态。大多数 Kubernetes 对象都包含两个嵌套的对象字段，它们负责管理对象的配置，包括对象 spec（规约）和对象 status（状态）。具有 spec 的对象，在创建对象时必须设置其内容，添加描述对象所具有的特征。而 status 展示了对象当前状态（Current State），它由 Kubernetes 系统和组件设置并更新。Kubernetes 控制面板持续管理对象的实际状态，以使之与期望的状态相匹配。集群中的每一个对象都有一个名称标识在同类资源中的唯一性并且有一个 UID 标识在整个集群中的唯一性。每个对象都可以附加标签（Label），标签是一系列键-值对。通过标签选择来筛选出对用户有意义的对象。

Kubernetes 有很多 API 对象，它们分别对应不同的技术概念，例如 Pod、Service、Ingress、Volume、ConfigMap、Secret 等。本节重点讲解一些 Kubernetes 系统中的核心概念。

1．Pod

Kubernetes 为了方便管理容器运行，提出了 Pod 概念。Pod 是 Kubernetes 集群中创建和管理的最小调度单元。无论是运行单一容器还是多组容器，都可以在一组 Pod 中运行。实际上，Pod 代表的就是 Kubernetes 集群上运行的一组容器，如同 Pod 的翻译"豌豆荚"一样，每个容器就像一个"豌豆"。运行在 Pod 中的容器可以共享网络、存储、声明配置等，这些容器会被统一调度在共享上下文中运行。其中共享上下文包括一组 Linux 的命名空间、控制组（cgroup）和其他隔离资源。Pod 是一个逻辑概念，就像一个"逻辑主机"，拥有独立的 IP、主机名和进程等。Pod 里包含一个或多个应用容器，这些容器紧密地耦合在一起。这些容器可以在本机互相通信，也可以共享存储卷（Volume）。Pod 架构如图 10.2 所示。

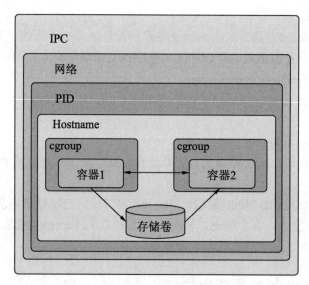

图 10.2　Pod 架构

在 Kubernetes 集群中，根据 Pod 中的容器数量，可以将 Pod 分为两种模型：
- 单容器的 Pod 模型：一个 Pod 中只有一个容器是最常见的模型，在这种情况下，可以将 Pod 看作单个容器的包装器。因为 Pod 是 Kubernetes 的最小调度单元，所以即使只有一个容器，也要封装在 Pod 里。

- 多容器的 Pod 模型：在这个模型中，Pod 可以封装多个紧密耦合的容器，它们共享资源。例如，一个容器从共享卷读取信息然后对外提供服务，另一个 sidecar（"边车"）容器则更新共享卷信息。Pod 就将这两个容器和存储资源打包为一个可管理的实体。Pod 中的容器会自动分配到集群中的同一物理机或虚拟机上，并一起被调度。多个容器之间可以共享资源、相互通信并协调何时以何种方式终止自身。

Pod 的生命周期通常始于 Pending 状态，如果 Pod 中容器正常启动则进入 Running 状态，最后通过 Pod 中的容器是否以失败状态结束来判断进入 Succeeded 或 Failed 状态。Pod是相对临时性的，Pod 在整个生命周期中只被调度一次，一旦 Pod 被调度到某个 Node 并分配唯一 ID，则 Pod 会一直在该 Node 运行，直到 Pod 停止或被终止。如果节点挂掉，则调度到该 Node 上的 Pod 会在给定超时时间后被删除。Pod 不具备自愈能力，Kubernetes提供了控制器来管理 Pod。在 Kubernetes 中，Pod 通过模板描述来声明要达到的期望状态。当 Pod 模板更新时，会创建一个新的 Pod 然后替换掉之前的 Pod。

表 10.1 列出了 Pod 阶段状态类型。

表 10.1　Pod阶段状态类型

类　　型	说　　明
Pending	Pod已被Kubernetes系统调度，但有一个或者多个容器尚未创建也没有运行。此阶段包括等待Pod被调度的时间和通过网络下载镜像的时间
Running	Pod已经绑定到某个节点，Pod中所有的容器都已被创建。其中，至少有一个容器仍在运行，或者正处于启动或重启状态
Succeeded	Pod中的所有容器都已成功终止，并且不会再重启
Failed	Pod中的所有容器都已终止，并且至少有一个容器是因为失败而终止。也就是说，容器以非0状态退出或者是被系统终止
Unknown	因为某些原因无法取得Pod的状态。这种情况通常是因为与Pod所在主机通信失败

从 Pod 接受调度开始，Pod 的生命周期如图 10.3 所示。

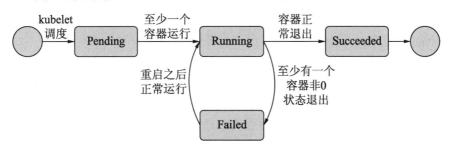

图 10.3　Pod 生命周期

当 Pod 被调度到某个节点上，kubelet 组件就会通过容器运行时（Docker 等）为 Pod创建容器。在这个过程中容器有 3 种状态，如表 10.2 所示。

表 10.2　容器状态类型

类　　型	说　　明
Waiting	处于Waiting状态的容器有可能是在拉取镜像仓库中的镜像操作。当使用Kubectl命令查询Pod时，会看到Reason字段，给出了容器处于等待状态的原因
Running	Running状态说明容器正在执行且没有问题。如果配置了postStart回调，那么该回调已经执行且已完成
Terminated	处于Terminated状态的容器有可能正常结束或因某些其他原因失败退出。通过Kubectl工具查询Terminated状态的原因、退出代码以及执行时间。如果容器配置了preStop回调，则在进入Terminated状态之前已经执行

当容器重启时，可以指定重启策略（restartPolicy），有 3 种重启策略，如表 10.3 所示。

表 10.3　容器重启策略

类　　型	说　　明
Always	当容器终止退出后，总是重启容器，默认策略
OnFailure	当容器异常退出（退出状态码非0）时，才重启容器
Never	当容器终止退出，从不重启容器

kubelet 组件通过 Probe（探针）对容器定期进行诊断。通常有 3 种类型的处理程序实现：

- ExecAction：在容器内执行指定的命令。如果命令退出时返回码为 0，则诊断成功。
- TCPSocketAction：通过容器的 IP 地址加上指定端口执行 TCP 检查。如果端口打开，则诊断成功。
- HTTPGetAction：对容器的 IP 地址加指定端口和路径执行 HTTP Get 请求。如果响应的状态码大于等于 200 且小于 400，则诊断成功。

每次诊断都会返回以下 3 种结果之一：

- Success：成功，容器通过了诊断。
- Failure：失败，容器没有通过诊断。
- Unknown：未知，诊断失败，不做任何操作。

对运行中的容器，kubelet 组件有 3 种探针对容器的状态进行探测：

- livenessProbe：用来探测容器是否还存活。如果存活态探测失败，则 kubelet 组件会杀死容器，并且容器会根据重启策略决定是否重启。
- readinessProbe：用来探测容器是否准备提供服务。
- startupProbe：用来探测容器中的应用是否已经启动。如果提供了启动探针，则其他探针会被禁用，直到此探针探测成功为止。如果启动探测失败，kubelet 组件将杀死容器，而容器依据重启策略进行重启。

如果期望容器在探测失败时被杀死并重启，可以指定存活态探针（livenessProbe）进行探测，同时指定重启策略为 Always 或 OnFailure。如果期望容器在探测成功再接收请求流量，则可以指定就绪态探针（readinessProbe）。对容器需要较长时间才能启动就绪的，可以指定启动探针（startupProbe）进行探测。

　　Pod 代表集群节点上运行的进程，通常会优雅地结束。当使用 Kubectl 命令行删除某个 Pod 时，会有一个超时时间（默认 30s），容器运行时（Docker 等）会发送 Term 信号到每个容器的主进程。只有当时间超过默认的超时时间才会发送 Kill 信号，之后 Pod 就会被从 API 服务器上移除。如果容器定义了 preStop 回调操作，kubelet 组件会先运行该回调逻辑，如果超时还没有执行完成，则 kubelet 会请求给予该 Pod 增加 2s 的宽限时间。Kubectl 命令行同时提供了强制删除的参数：--grace-period=0 和--force。

　　通过 API Server 控制中心创建 Pod 的流程如图 10.4 所示。

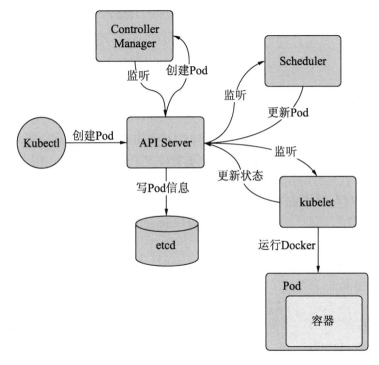

图 10.4　创建 Pod 的流程

　　使用 Kubectl 命令行创建 Pod 时，API Server 会在 etcd 中记录描述 Pod 的信息，然后将信息返回客户端。Crontroller Manager 会创建一个 Pod，Scheduler 通过监听机制为 Pod 选择一个节点，并将信息更新到 API Server，同时写入 etcd。Pod 会被调度器在工作节点上创建，工作节点上的 kubelet 组件调用 Docker 启动容器，并将容器的状态发送至 API Server，同时更新 etcd。

　　下面是一个 Pod 对象的声明配置，里面包含一个运行 nginx 的容器。

```
apiVersion: v1
kind: Pod
metadata:
```

```
    name: nginx
    labels:
      app: nginx
spec:
  containers:
  - name: nginx
    image: nginx
    ports:
    - containerPort: 80
```

通常不需要单独创建 Pod 对象，在 Kubernetes 集群里可以使用工作负载资源和负载资源控制器来创建和管理 Pod。负载资源控制器能够处理多副本的上线和管理，并能在 Pod 失效时提供自愈能力。例如，控制器发现某个节点上的 Pod 已经终止，会创建替代的 Pod。负载资源包括 Deployment、StatefulSet、DaemonSet、Jobs 等，这些负载资源会在后续章节重点讲解。

2. Service

在 Kubernetes 集群中，创建了大量的 Pod 之后，Pod 如何对外提供服务，以及 Pod 之间如何通信成了网络设计方面的重点问题。Kubernetes 为每个 Pod 分配一个 IP 地址，如果有一组 Pod 副本对外提供相同的服务，对客服端的请求如何做到负载均衡？前面讲到 Pod 的生命周期不是持久存在的，当节点出现故障时 Pod 会被删除，同样 IP 也会变化，如何对新的 Pod 做到服务发现？为了解决这些问题，Kubernetes 提出了 Service 对象。Service 是对一组具有相同 label Pod 的抽象，为多个相同功能的 Pod 提供统一入口，并且对多个副本 Pod 提供负载均衡。Service 通过 label selector 来确定一组 Pod 集合，通过 Service 可以使 Kubernetes 集群内外访问 Pod。

例如，下面创建一个名为 my-service 的 Service 对象，它绑定了一组标签是 app=MyApp 且端口是 9376 的 Pod：

```
apiVersion: v1
kind: Service
metadata:
  name: my-service
spec:
  selector:
    app: MyApp
  ports:
  - protocol: TCP
    port: 80
    targetPort: 9376
```

Service 创建成功后，Kubernetes 集群会为它分配一个 IP 地址，该 IP 地址由服务代理使用。每创建一个 Service 时，同样会创建与 Service 相同名称的 Endpoint 对象。Endpoint 对象保存着与 Service 关联的 Pod 的 IP：PORT 地址，当 Pod 有更新时会同步到 Endpoint 对象上。具体是由 Endpoints Controller 控制器来监听 Service 和关联 Pod 的变化，维护 Endpoint 对象的更新操作。在节点上还有一个代理组件 kube-proxy，它根据 Service 与

Endpoint 的变化来改变节点上 iptables 或 ipvs 中保存的路由规则。Service 的运行原理如图 10.5 所示。

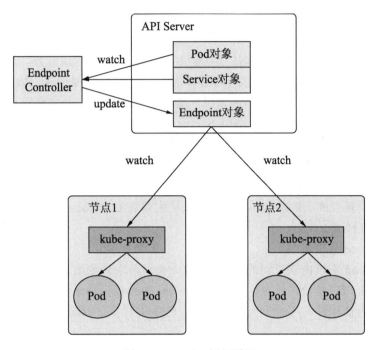

图 10.5　Service 运行原理

Kubernetes 允许用户指定四种 Service 的发布类型，包括 ClusterIP、NodePort、LoadBalancer、ExternalName，默认是 ClusterIP 类型。

- ClusterIP：通过集群的内部 IP 暴露服务，选择该类型时服务只能够被集群内部访问。根据是否生成 ClusterIP 又分为普通的 Service 和 Headless Service。
- NodePort：通过节点的 IP 和端口（NodePort）来暴露服务。集群外部访问可以通过节点 IP 和节点 PORT 的方式路由到服务。
- LoadBalancer：使用云厂商的 LoadBalancer 向外部暴露服务。云厂商 LoadBalancer 会给用户分配一个 IP，然后将流量路由到创建的 NodePort 服务和 ClusterIP 服务上。
- ExternalName：通过 CNAME 将 Service 与 ExternalName 的值映射起来。

Service 提供了 Pod 发现机制，但是如何发现 Service 的 ClusterIP 呢？Kubernetes 为 Service 提供了两种服务发现机制：一种是环境变量；另一种是通过 DNS。

- 环境变量：当创建一个 Pod 后，kubelet 会在该 Pod 中注入集群内所有 Service 的相关环境变量。若要在一个 Pod 中注入某个 Service 的环境变量，则必须先创建 Service。例如，一个名称为 redis-master 的 Service 暴露了 TCP 端口 6379，同时给它分配了 ClusterIP 地址 10.0.0.11，这个 Service 生成了如下环境变量：

```
REDIS_MASTER_SERVICE_HOST=10.0.0.11
```

```
REDIS_MASTER_SERVICE_PORT=6379
REDIS_MASTER_PORT=tcp://10.0.0.11:6379
REDIS_MASTER_PORT_6379_TCP=tcp://10.0.0.11:6379
REDIS_MASTER_PORT_6379_TCP_PROTO=tcp
REDIS_MASTER_PORT_6379_TCP_PORT=6379
REDIS_MASTER_PORT_6379_TCP_ADDR=10.0.0.11
```

- DNS：DNS 服务器（CoreDNS 等）监视 Kubernetes 中的新服务，并为每个服务创建一组 DNS 记录。如果在整个集群中都启用了 DNS，则所有 Pod 都能够通过其 DNS 名称自动解析服务。举例来说，如果在 Kubernetes 命名空间 my-ns 中有一个名为 my-service 的服务，则 API Server 和 DNS 服务共同为 my-service.my-ns 创建 DNS 记录。my-ns 命名空间中的 Pod 能够通过按名检索 my-service 来找到服务。

在 Kubernetes 集群中 Service 是以 VIP 形式存在的，如何实现从 Pod 到 Service 或从集群外部到 Service 的访问呢？其实是运行在节点上的 kube-proxy 组件基于 iptables 或 ipvs 规则来负责路由转发的。kube-proxy 的代理模块主要有 userspace 代理模式、iptables 代理模式、ipvs 代理模式。

（1）userspace 代理模式

当客户端 Pod 请求内核空间的 iptables 时，先将请求转到用户空间的 kube-proxy，再由 kube-proxy 把请求转给内核空间的 iptables，iptables 根据请求转给各节点中的 Pod。这个模式请求在内核控件与用户空间频繁切换，性能消耗大。userspace 代理模式架构如图 10.6 所示。

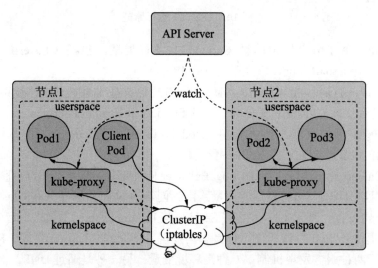

图 10.6　userspace 代理模式架构

（2）iptables 代理模式

客户端 Pod 请求时，直接请求内核空间的 iptables，根据 iptables 的规则请求到各 Pod 上，如果集群中存在上万的 Service/Endpoint，那么节点上的 iptables 规则将非常庞大，线性查找会造成性能损耗。iptables 代理模式架构如图 10.7 所示。

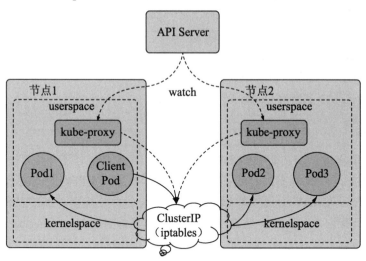

图 10.7　iptables 代理模式架构

（3）ipvs 代理模式

客户端 Pod 请求时，直接请求到内核空间的 ipvs，根据 ipvs 的规则请求到各 Pod 上。与 iptables 类似，ipvs 基于 Netfilter 的 hook 函数功能，但使用哈希表作为底层数据结构并在内核空间中工作。这意味着 ipvs 可以更快地重定向流量，并且在同步代理规则时采用增量方式更新具有更好的性能。ipvs 代理模式架构如图 10.8 所示。

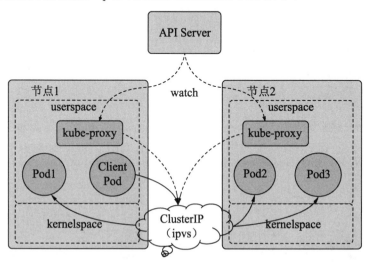

图 10.8　ipvs 代理模式架构

此外，ipvs 为负载均衡算法提供了以下更多的选项：

- rr：轮替（Round-Robin）。
- lc：最少连接（Least Connection），即打开连接数量最少者优先。
- dh：目标地址哈希（Destination Hashing）。
- sh：源地址哈希（Source Hashing）。
- sed：最短预期延迟（Shortest Expected Delay）。
- nq：从不排队（Never Queue）。

3. Ingress

Service 对象实现了四层负载均衡机制，Ingress 对象则可以实现 HTTP、HTTPS 等方式的访问，属于七层负载均衡。Ingress 配置了从集群外部到集群内服务的 HTTP 和 HTTPS 路由规则。Ingress 为 Service 提供外部可访问的 URL、负载均衡、SSL/TLS 以及提供基于名称的虚拟主机等能力。Ingress 是通过 Ingress 控制器（例如 ingress-nginx）来实现负载均衡的，通过 Ingress 代理的服务通常是 NodePort 或 LoadBalancer 类型。一个简单的 Ingress 资源配置示例如下：

```
apiVersion: networking.k8s.io/v1
kind: Ingress
metadata:
  name: minimal-ingress
  annotations:
    nginx.ingress.kubernetes.io/rewrite-target: /
spec:
  rules:
  - http:
      paths:
      - path: /testpath
        pathType: Prefix
        backend:
          service:
            name: test
            port:
              number: 80
```

上面的 Ingress 例子声明了一个名为 minimal-ingress 的 Ingress 资源对象，后端代理了一个名为 test 的 Service，并匹配前缀路径/testpath 的 URL。Ingress 对象的流程如图 10.9 所示。

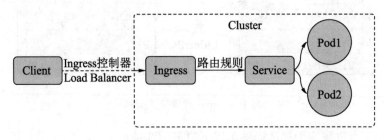

图 10.9　Ingress 对象的流程

Ingress 通常可以分为以下 4 类：

- 单个 Service 的 Ingress：Ingress 只代理后端一个 Service。
- fanout 类型：一个 fanout 配置的 Ingress 可以根据请求的 HTTP URI 将来自同一 IP 地址的流量路由到多个 Service。配置声明如下，流量转发流程如图 10.10 所示。

```
apiVersion: networking.k8s.io/v1
kind: Ingress
metadata:
  name: simple-fanout-example
spec:
  rules:
  - host: foo.bar.com
    http:
      paths:
      - path: /foo
        pathType: Prefix
        backend:
          service:
            name: service1
            port:
              number: 4200
      - path: /bar
        pathType: Prefix
        backend:
          service:
            name: service2
            port:
              number: 8080
```

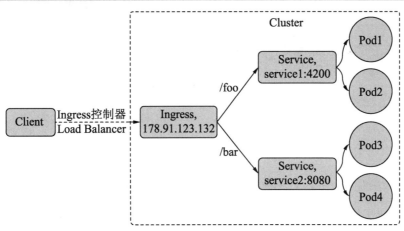

图 10.10　fanout 类型流量转发流程

- 基于名称的虚拟主机：基于名称的虚拟主机支持将针对多个主机名的 HTTP 流量路由到同一 IP 地址上。以下 Ingress 配置让负载均衡器基于 host 头部字段来路由请求，流量转发流程如图 10.11 所示。

```
apiVersion: networking.k8s.io/v1
```

```
kind: Ingress
metadata:
  name: name-virtual-host-ingress
spec:
  rules:
  - host: foo.bar.com
    http:
      paths:
      - pathType: Prefix
        path: "/"
        backend:
          service:
            name: service1
            port:
              number: 80
  - host: bar.foo.com
    http:
      paths:
      - pathType: Prefix
        path: "/"
        backend:
          service:
            name: service2
            port:
              number: 80
```

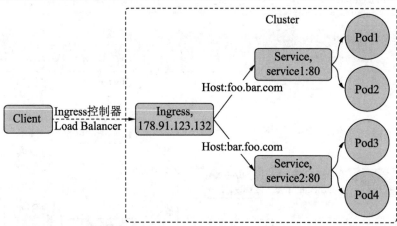

图 10.11　基于名称的虚拟主机类型流量转发流程

• TLS：可以通过设定包含 TLS 私钥和证书的 Secret 来保护 Ingress。

Ingress 实现负载均衡的原理实际是由 Ingress 控制器来完成的。Ingress 控制器封装在一个 Pod 中，由 Ingress Controller 根据 Kubernetes 中 Pod、Service 的变化来更新 Ingress，然后根据 Ingress 的配置生成路由规则文件。Ingress 控制器对外以 Service 的方式提供服务。Ingress 原理如图 10.12 所示。

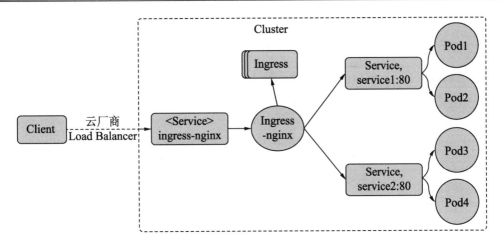

图 10.12   Ingress 原理

4．Volume

容器中的文件是临时存放在磁盘上的，当容器崩溃时文件会丢失，而且多个容器不能共享一个文件。Kubernetes 的卷（Volume）对象就可以解决以上问题。Kubernetes 支持多种类型的卷，一个 Pod 可以同时使用多个卷。卷可以分为临时卷和持久卷，临时卷的生命周期与 Pod 相同。当 Pod 不存在时，Kubernetes 会销毁临时卷，但是持久卷声明周期要比 Pod 存活的更长，即使 Pod 不存在，持久卷也不会被销毁。卷的核心是一个目录，Pod 中的容器可以访问该目录中的数据，卷的类型决定该目录如何形成以及使用何种介质保存数据。

在.spec.volumes 字段中设置为 Pod 提供的卷,在.spec.containers[*].volumeMounts 字段中声明卷在容器中的挂载位置。容器的镜像与卷组成文件系统，容器镜像位于文件系统的根部，各个卷则挂载在镜像内指定的路径上。Pod 中每个容器必须独立指定各个卷的挂载位置。卷类型如表 10.4 所示。

表 10.4   卷类型

类　　型	说　　明
awsElasticBlockStore	将Amazon Web服务（AWS）EBS卷挂载到Pod中
azureDisk	用来在Pod上挂载Microsoft Azure数据盘（Data Disk）
azureFile	用来在Pod上挂载Microsoft Azure文件卷（File Volume）
cephfs	将现存的CephFS卷挂载到Pod中
cinder	将OpenStack Cinder卷挂载到Pod中
configMap	提供了向Pod注入配置数据的方法
emptyDir	当Pod分派到某个Node上时，emptyDir卷会被创建
fc	将现有的光纤通道块存储卷挂载到Pod中

续表

类　型	说　明
gcePersistentDisk	将Google公司计算引擎（GCE）持久盘（PD）挂载到Pod中
glusterfs	将Glusterfs（一个开源的网络文件系统）挂载到Pod中
hostPath	将主机节点文件系统上的文件或目录挂载到Pod中
iscsi	将iSCSI（基于IP的SCSI）卷挂载到Pod中
local	所代表的是某个被挂载的本地存储设备，例如磁盘、分区或目录
nfs	将NFS（网络文件系统）挂载到Pod中
persistentVolumeClaim	将持久卷（persistentVolume）挂载到Pod中
Projected	将若干现有的卷来源映射到同一目录上
secret	给Pod传递敏感信息，例如密码
rbd	将Rados块设备卷挂载到用户的Pod中
persistentVolume	集群中的一块存储，可以由管理员事先供应，或者使用存储类（Storage Class）来动态供应

下面列举一个 emptyDir 卷类型的配置示例。

```
apiVersion: v1
kind: Pod
metadata:
  name: test-pd
spec:
  containers:
  - image: k8s.gcr.io/test-webserver
    name: test-container
    volumeMounts:
    - mountPath: /cache
      name: cache-volume
  volumes:
  - name: cache-volume
    emptyDir: {}
```

5. ConfigMap

ConfigMap 是一种 API 对象，用来保存非机密性数据到键-值对中，在使用过程中，Pod 可以将其用作环境变量、命令行参数或存储卷中的配置文件。ConfigMap 将环境配置信息和容器的镜像解耦，便于应用配置的更新，同时使用 ConfigMap 可以将配置数据和应用程序代码分离开来。ConfigMap 只是用来作为配置使用的，不应该存储大量数据。

ConfigMap 有以下 4 种使用方式：

- 在容器命令行和参数内使用。
- 在容器的环境变量中使用。
- 在只读卷里面添加一个文件，让应用来读取。
- 编写代码在 Pod 中运行，使用 Kubernetes API 来读取 ConfigMap。

下面是一个 ConfigMap 示例，它可以配置一个属性值，也可以从文件中读取。

```
apiVersion: v1
kind: ConfigMap
metadata:
  name: game-demo
data:
  # 类属性键；每一个键都映射到一个简单的值
  player_initial_lives: "3"
  ui_properties_file_name: "user-interface.properties"

  # 类文件键
  game.properties: |
    enemy.types=aliens,monsters
    player.maximum-lives=5
  user-interface.properties: |
    color.good=purple
    color.bad=yellow
    allow.textmode=true
```

下面的示例定义了一个卷并将它作为/config 文件夹挂载到 Demo 容器内，创建两个文件，即/config/game.properties 和/config/user-interface.properties。

```
apiVersion: v1
kind: Pod
metadata:
  name: configmap-demo-pod
spec:
  containers:
    - name: demo
      image: alpine
      command: ["sleep", "3600"]
      env:
        # 定义环境变量
        - name: PLAYER_INITIAL_LIVES # 请注意这里和 ConfigMap 中的键名是不一样的
          valueFrom:
            configMapKeyRef:
              name: game-demo          # 这个值来自 ConfigMap
              key: player_initial_lives # 需要取值的键
        - name: UI_PROPERTIES_FILE_NAME
          valueFrom:
            configMapKeyRef:
              name: game-demo
              key: ui_properties_file_name
      volumeMounts:
      - name: config
        mountPath: "/config"
        readOnly: true
  volumes:
    # 用户可以在 Pod 级别设置卷，然后将其挂载到 Pod 内的容器中
    - name: config
      configMap:
        # 提供用户想要挂载的 ConfigMap 的名字
        name: game-demo
```

```
# 来自 ConfigMap 的一组键，将被创建为文件
items:
- key: "game.properties"
  path: "game.properties"
- key: "user-interface.properties"
  path: "user-interface.properties"
```

6. Secret

在 Pod 中如果想使用密码、令牌或密钥等敏感数据，可以考虑使用 Secret，这样风险会比较小。Secret 是一个对象，主要包含密码、令牌或密钥等信息，并独立于 Pod。Secret 和 ConfigMap 类似，但 Secret 可以专门用于保存机密数据。Pod 如果引用 Secret，有以下 3 种方式：

- 作为挂载到容器上卷中的文件。
- 作为容器的环境变量。
- kubelet 在为 Pod 拉取镜像时使用。

Secret 有多种类型，可以在创建时指定 type 字段，如表 10.5 所示。

表 10.5　Secret类型

类　　　型	说　　　明
Opaque	用户定义的任意数据
kubernetes.io/service-account-token	服务账号令牌
kubernetes.io/dockercfg~/.dockercfg	文件的序列化形式
kubernetes.io/dockerconfigjson~/.docker/config.json	文件的序列化形式
kubernetes.io/basic-auth	用于基本身份认证的凭据
kubernetes.io/ssh-auth	用于SSH身份认证的凭据
kubernetes.io/tls	用于TLS客户端或者服务器端的数据
bootstrap.kubernetes.io/token	启动引导令牌数据

定义一个 Secret，存放变量 USER_NAME 和 PASSWORD，然后在 Pod 中引用这个 Secret。配置内容如下：

```
apiVersion: v1
kind: Secret
metadata:
  name: mysecret
type: Opaque
data:
  USER_NAME: YWRtaW4=
  PASSWORD: MWYyZDFlMmU2N2Rm
# Pod 引用 Secret
apiVersion: v1
kind: Pod
metadata:
  name: secret-test-pod
```

```
spec:
  containers:
  - name: test-container
    image: k8s.gcr.io/busybox
    command: [ "/bin/sh", "-c", "env" ]
    envFrom:
    - secretRef:
        name: mysecret
  restartPolicy: Never
```

10.2　Kubernetes 编排

　　Kubernetes 是基于声明式的编排工具，通过 YAML 类型的配置文件进行容器配置信息的声明设置。Kubernetes 通过工具进行统一的规划、调度、更新、创建容器，使容器部署变得简单高效。Kubernetes 在容器部署与运行过程中都是自动化的，不需要用户进行干预，Kubernetes 会自动监控容器的运行时状态，然后做出更新、创建、杀死容器的操作达到用户期望的状态。本节将通过一个例子简单介绍 Kubernetes 的编排。

10.2.1　Pod 编排

　　通常我们不对 Pod 直接编排，而是使用 Deployment 资源进行编排。假如有一个用户活动的服务 service-activity。下面给出一个展示服务的 Deployment 编排示例：

```
apiVersion: apps/v1
kind: Deployment
metadata:
  labels:
    app: service-activity
  name: service-activity              #服务名称
  namespace: dev                      #命名空间
spec:
  minReadySeconds: 60
  replicas: 2                         #副本集
  selector:
    matchLabels:
      app: service-activity
  strategy:
    rollingUpdate:
      maxSurge: 20%
      maxUnavailable: 20%
    type: RollingUpdate
  template:
    metadata:
      labels:
        app: service-activity
    spec:
      containers:
```

```
            - env:
              - name: RUN_MODE                              #环境变量
                valueFrom:
                  configMapKeyRef:
                    key: env.runMode
                    name: service-config                    #配置文件名
            image: docker-registry/service-activity:v1.0    #镜像
            name: service-activity
            ports:
              - containerPort: 8080                          #端口号
                name: service-activity
                protocol: TCP
            resources:
              limits:
                cpu: 4                                       #CPU
                memory: 4Gi                                  #内存
              requests:
                cpu: 4
                memory: 4Gi
            volumeMounts:
              - mountPath: /app/log                          #日志路径
                name: log
        volumes:
          - emptyDir: {}
            name: log
```

在上面的配置中，metadata.name 指定了服务名称 service-activity，metadata.Namespace 指定了命名空间为 dev。在 spec.template.spec 中指定了容器的配置信息，例如通过 ConfigMap 配置文件获取环境变量（RUN_MODE）、镜像（image）、端口号（containerPort）、资源限制（cpu、memory）以及日志路径。

10.2.2　Service 编排

Service 在 TCP 层面代理 Pod，提供四层负载均衡，通过 ip:port 的方式访问后台服务接口。下面是对 service-activity 服务进行的 Service 配置：

```
apiVersion: v1
kind: Service
metadata:
  labels:
    app: service-activity
  name: service-activity
  namespace: dev
spec:
  ports:
    - name: metrics
      port: 80                                    #端口号
      protocol: TCP
      targetPort: 8080
  selector:
    app: service-activiy                          #代理 service-activity 服务
```

10.2.3　Ingress 编排

Ingress Controller 可以从 HTTP 层面进行七层负载均衡代理，通过域名对 service-activity 服务进行访问。通常，Ingress 配置是最常使用的方式，其内容如下：

```
apiVersion: extensions/v1beta1
kind: Ingress
metadata:
    annotations:
        nginx.ingress.kubernetes.io/proxy-body-size: 300m
    name: service-activity-ingress
    namespace: dev
spec:
    rules:
        - host: service-activity.dev.domain          #域名
          http:
            paths:
                - backend:
                    serviceName: service-activity     #代理 service
                    servicePort: 80
                  path: /                             #路径
```

10.2.4　ConfigMap 配置文件

ConfigMap 可以提供常量配置或者环境变量配置。下面通过一个名为 service-activity 的配置文件，定义服务的运行环境变量。

```
apiVersion: v1
kind: ConfigMap
metadata:
  name: service-activity          #配置名称
data:
  env.runMode: dev
```

10.3　Kubernetes 部署工具

当完成 Kubernetes 的声明式配置文件后，就可以对服务进行部署了。Kubernetes 本身提供了 Kubectl 命令行工具进行部署管理，也有 Helm 这种优秀的部署工具。本节主要介绍 Kubectl、Helm 等相关基础知识以及常用的命令，便于读者熟练使用这些部署工具。

10.3.1　Kubectl 工具

Kubectl CLI 是 Kubernetes 的命令行工具，可以运行 Kubernetes 集群命令，方便管理

Kubernetes 集群。Kubectl 包含大量的子命令，可以直接在命令行中运行，Kubectl 命令行语法如下所示：

```
kubectl [command] [TYPE] [NAME] [flags]
```

command 可以指定要对一个或多个资源执行的操作，例如 create、get、describe、delete 等操作。

TYPE 可以指定资源类型。资源类型不区分大小写，可以指定单数、复数或缩写形式。例如：kubectl get pod pod1、kubectl get pods pod1 等。

NAME 指定资源的名称，且名称区分大小写。

flags 指定可选的参数。例如可以使用-n 参数指定 Namespace。

下面介绍一些常用的 Kubectl 命令。

1．kubectl create命令

```
kubectl create -f FILENAME [flags]
```

通过指定的文件创建资源，例如 kubectl create -f service-activity-deployment.yml。

2．kubectl apply命令

```
kubectl apply -f FILENAME [flags]
```

通过指定的文件创建或更新资源，例如 kubectl apply -f service-activity-deployment.yml。

3．kubectl get命令

```
kubectl get (-f FILENAME | TYPE [NAME | /NAME | -l label]) [--watch]
[--sort-by=FIELD] [[-o | --output]=OUTPUT_FORMAT] [flags]
```

查询某个或多个资源，例如 kubectl get pods -n dev。如下是查询 service-activity 的示例：

```
# kubectl get pods -n dev | grep service-activity
service-activity-fb76cc497-jp79n   1/1     Running     5        6d7h
```

4．kubectl describe命令

```
kubectl describe (-f FILENAME | TYPE [NAME_PREFIX | /NAME | -l label]) [flags]
```

显示某个资源的详细状态，例如 kubectl describe pod pod1 -n dev。查询 service-activity 详情，示例如下：

```
# kubectl describe pod service-activity-fb76cc497-jp79n -n dev
Name:        service-activity-fb76cc497-jp79n
Namespace:   dev
Priority:    0
Node:        127.0.0.1/127.0.0.1
Start Time:  Mon, 09 May 2022 03:20:10 +0000
Labels:      app-env=dev
             app-name=service-activity
             deploy-id=6357
             pod-template-hash=fb76cc497
```

```
Status:        Running
IP:            127.0.0.1
IPs:
  IP:          127.0.0.1
Controlled By: ReplicaSet/service-activity-fb76cc497
Containers:
 service-activity:
   Container ID:  docker://3ed015460ba7a46b94f0649b444fba34baaa97cf524
f368d156f8661363008dd
   Image:         #Image
   Image ID:      #Image Id
   Ports:         8080/TCP, 9090/TCP
   Host Ports:    0/TCP, 0/TCP
   State:         Running
     Started:     Fri, 13 May 2022 04:01:27 +0000
   Last State:    Terminated
     Reason:      Error
     Exit Code:   143
     Started:     Fri, 13 May 2022 04:00:10 +0000
     Finished:    Fri, 13 May 2022 04:01:27 +0000
   Ready:         True
   Restart Count: 5
   Limits:
     cpu:       1
     memory:    2Gi
   Requests:
     cpu:       100m
     memory:    2Gi
   Liveness:    http-get http://:8080/ping delay=60s timeout=6s period=6s
#success=1 #failure=3
   Readiness:   http-get http://:8080/actuator/health delay=10s timeout=5s
period=5s #success=1 #failure=3
   Environment Variables from:
     cluster-config  ConfigMap  Optional: false
   Environment:
     ENVIRONMENT:                    dev
     NAMESPACE:                      dev (v1:metadata.namespace)
   Mounts:
     /app/logs from volume-0 (rw)
Conditions:
  Type             Status
  Initialized      True
  Ready            True
  ContainersReady  True
  PodScheduled     True
Volumes:
 volume-0:
   Type:        HostPath (bare host directory volume)
   Path:        /data/logs
   HostPathType:
QoS Class:      Burstable
Node-Selectors: <none>
Tolerations:    node-role.kubernetes.io/addtype:NoSchedule
                node.kubernetes.io/not-ready:NoExecute op=Exists for 300s
```

```
                        node.kubernetes.io/unreachable:NoExecute op=Exists for 300s
        Events:         <none>
```

5. kubectl logs命令

```
kubectl logs POD [-c CONTAINER] [--follow] [flags]
```

在 Pod 中打印容器日志，例如 kubectl logs pod1 -n dev。

6. kubectl exec命令

```
kubectl exec POD [-c CONTAINER] [-i] [-t] [flags] [-- COMMAND [args...]]
```

对 Pod 中的容器执行命令，例如 kubectl exec -it pod1 /bin/bash -n dev。

7. kubectl delete命令

```
kubectl delete (-f FILENAME | TYPE [NAME | /NAME | -l label | --all]) [flags]
```

对指定文件的资源进行删除，例如 kubectl delete -f service-activity-delopment.yml。

8. kubectl replace命令

```
kubectl replace -f FILENAME
```

从指定文件替换资源，例如 kubectl replace -f deployment.yml。

9. kubectl cluster-info命令

```
kubectl cluster-info [flags]
```

获取集群信息，例如 kubectl cluster-info。

10. kubectl命令输出选项

```
kubectl [command] [TYPE] [NAME] -o=<output_format>
```

将 Kubectl 命令格式化输出，例如 kubectl get pod web-pod-13je7 -o=yaml。

10.3.2　Helm 工具

10.3.1 小节讲解了 Kubectl 命令行工具，通过 Kubectl 可以创建 Deployment、Service 和 Ingress 等资源，整个部署过程烦琐，管理复杂。Helm 工具是为了简化部署步骤而产生的，它可以动态地生成一系列资源文件，通过打包的方式来支持版本管理，这在一定程度上简化了 Kubernetes 应用的部署。

Helm 的主要功能如下：

- 动态生成资源文件。
- 版本管理。
- 依赖管理。

- 应用部署。

对于 Helm 工具而言，最主要的一个概念是 Chart。实际上 Chart 是一个软件包，它也是一个目录，该目录下有一系列的资源配置文件。一个 Chart 文件目录下的构成如下：

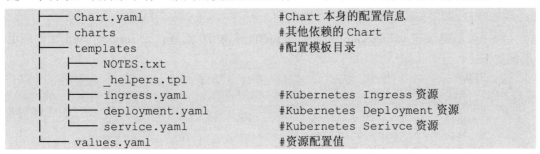

```
├── Chart.yaml              #Chart 本身的配置信息
├── charts                  #其他依赖的 Chart
├── templates               #配置模板目录
│   ├── NOTES.txt
│   ├── _helpers.tpl
│   ├── ingress.yaml        #Kubernetes Ingress 资源
│   ├── deployment.yaml     #Kubernetes Deployment 资源
│   └── service.yaml        #Kubernetes Serivce 资源
└── values.yaml             #资源配置值
```

使用 Helm 管理应用，首先要创建一个 Chart。创建 Chart 的命令如下：

```
helm create service-activity
```

通过 helm create service-activity 命令创建了一个 service-activity 目录。如果要部署应用，则需要通过如下命令：

```
helm install ./service-activity
```

对 Chart 进行打包，使用如下命令：

```
helm package
```

要修改某些值进行更新升级，可以使用如下命令：

```
helm upgrade -f values.yaml
```

对应用进行回滚，使用如下命令：

```
helm rollback service-activity 1.0
```

列出部署的应用，使用如下命令：

```
helm list
```

10.3.3　Helm 配置文件

想要使用 Helm 部署应用，通常需要把常用配置抽取到 values.yaml 文件中，通过 {{ .Values.xxx }} 的方式引用变量值。10.2.3 节中给出了一个 ConfigMap 的编排示例，这里可以在 values.yaml 文件中添加如下配置：

```
runMode: dev
targetPort: 8080
host: service-activity.dev.domain
replicas: 2
cpu: 4
memory: 4Gi
```

templates 目录下的模版文件 configmap.yaml 的内容如下：

```
apiVersion: v1
kind: ConfigMap
metadata:
  name: {{ .Release.Name }}
data:
  env.runMode: {{.Values.runMode }}
```

同样可以继续在 values.yaml 中添加 targetPort: 8080 配置，则 service.yaml 文件应用示例如下：

```
apiVersion: v1
kind: Service
metadata:
    labels:
        app: service-activity
    name: service-activity
    namespace: dev
spec:
    ports:
        - name: metrics
          port: 80                                      #端口号
          protocol: TCP
          targetPort: {{ .Values.targetPort }}
selector:
        app: service-activiy
```

ingress.yaml 配置文件如下：

```
apiVersion: extensions/v1beta1
kind: Ingress
metadata:
    annotations:
        nginx.ingress.kubernetes.io/proxy-body-size: 300m
    name: service-activity-ingress
    namespace: dev
spec:
    rules:
        - host: {{ .Values.host }}                       #域名
          http:
            paths:
                - backend:
                    serviceName: service-activity         #代理 Service
                    servicePort: 80
              path: /
```

deployment.yaml 配置文件如下：

```
apiVersion: apps/v1
kind: Deployment
metadata:
    labels:
        app: service-activity
    name: service-activity                              #服务名称
    namespace: dev                                      #命名空间
spec:
    minReadySeconds: 60
```

```
replicas: {{ .Values.replicas }}                    #副本集
selector:
   matchLabels:
      app: service-activity
strategy:
   rollingUpdate:
      maxSurge: 20%
      maxUnavailable: 20%
   type: RollingUpdate
template:
   metadata:
      labels:
         app: service-activity
   spec:
      containers:
         - env:
            - name: RUN_MODE                         #环境变量
              valueFrom:
                configMapKeyRef:
                   key: env.runMode
                   name: service-config              #配置文件名
            image: docker-registry/service-activity:v1.0    #镜像
            name: service-activity
            ports:
              - containerPort: 8080                  #端口号
                name: service-activity
                protocol: TCP
            resources:
              limits:
                 cpu: {{ .Values.cpu }}              #CPU
                 memory: {{ .Values.memory }}        #存储器
              requests:
                 cpu: 4
                 memory: 4Gi
            volumeMounts:
              - mountPath: /app/log                  #日志路径
                name: log
      volumes:
         - emptyDir: {}
           name: log
```

资源文件配置好之后，便可以通过 Helm 工具进行部署和管理。

10.4 总　　结

本章主要介绍了容器编排引擎 Kubernetes 框架的相关知识，包括 Kubernetes 的发展历史、架构原理，以及 Kubernetes 的主要概念：Pod、Service、Ingress 和 ConfigMap 等。本章还通过一个简单的示例展示了 Kubernetes 的声明式配置文件内容，最后讲解了 Kubernetes 的部署工具，包括 Kubectl 和 Helm 工具，及其相关命令。

第 11 章 分布式系统持续集成与交付

分布式系统通常是由大规模微服务构成，大量微服务的代码需要管理，多个开发人员需要协同开发，成百上千的实例需要快速部署且可根据流量进行及时扩容与缩容。在开发过程中，开发人员开发代码后能够持续地被集成并能完成自动化部署。前面的章节介绍了基于 Docker 的容器技术，通过容器部署实例可以提高大规模部署的可能性，通过 Kubernetes 编排技术能够实时地完成实例扩容与缩容。本章主要介绍在分布式开发过程中，如何利用 Git 工具进行代码管理，以及如何通过 GitLab 和 Jenkins 完成持续集成与应用交付。虽然这些内容属于 DevOps 的范畴，但是作为开发人员也应该了解这些内容。

11.1 Git 代码管理工具

Git 代码管理工具是一个开源的分布式版本控制系统。在 Git 诞生之前，已经有 CVS 和 SVN 等代码管理工具。但是当时的代码管理工具并不能满足 Linux 创始人 Linus Torvalds 管理 Linux 内核代码的需求。这个问题根本难不倒 Linus 这种高手，在花费了几周的时间后，Linus 就提交了 Git 的第一个版本。然后，Git 很快变得流行开来，现在基本上互联网公司都在使用 Git 来管理项目代码。本节主要介绍 Git 代码管理工具的核心思想与命令，并介绍 Git 的本地安装示例。

11.1.1 Git 工具简介

前面提到，Git 是一个分布式版本控制系统，它能够记录文件内容的变化，不同的文件版本记录着修改的内容。因为每个文件版本都记录了内容的修改，使用 Git 可以将文件回退到之前的版本状态，从而能够查询修改的细节，所以使用 Git 管理代码，即使代码被错误地修改，它也能恢复到最初的样子。

在 Git 之前，版本控制系统采用集中式管理，例如 SVN 工具。集中式版本控制系统有一个单一的集中管理代码的服务器，开发人员可以通过客户端拉取最新的文件，如图 11.1 所示。

集中式版本控制系统也有弊端，如果单点宕机，则无法更新，磁盘毁坏，则丢失文件。相对于集中式系统管理，分布式系统能拉取完整的文件，包括历史版本记录，所以即使服务器代码丢失，也可以通过本地来恢复。每一次拉取文件相当于备份操作，如图 11.2 所示。

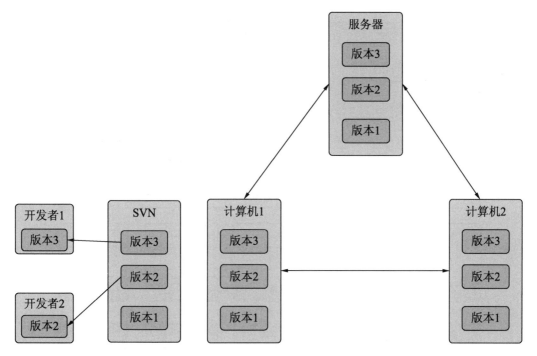

图 11.1　集中式版本控制系统　　　　　图 11.2　分布式版本控制系统

Git 与其他集中式版本管理系统（SVN 等）有本质区别。其他集中式版本控制系统以文件变更列表的方式来存储，其存储的是一组基本文件和文件随时间累加的差异信息。集中式版本控制系统存储文件的方式如图 11.3 所示。

Git 系统会对全部文件创建一个快照并保存这个快照的索引。如果文件没被修改，则 Git 不会重新存储该文件，而是保留一个连接指向之前存储的文件。Git 会在存储前进行计算校验和，并以校验和作为索引。Git 用 SHA-1 散列算法计算校验和。校验和是一个由 40 个十六进制字符组成的字符串，该字符串是基于文件内容或目录结构计算出来的。Git 系统存储文件的方式如图 11.4 所示。

如图 11.5 所示，Git 分为 3 个空间：工作区、暂存区和远程仓库。工作区就是本地开发环境，通过拉取远程仓库中的代码到本地。本地修改文件后，执行 git add 命令，然后提交文件到暂存区存放。接着执行 git commit 和 git push 命令，将文件推送到远程仓库中。执行不同的命令后，Git 文件会对应 3 种状态：已提交（Committed）、已修改（Modified）和已暂存（Staged）。

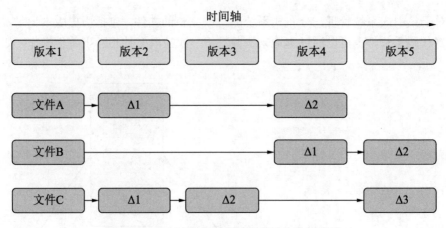

图 11.3　集中式版本控制系统存储文件的方式

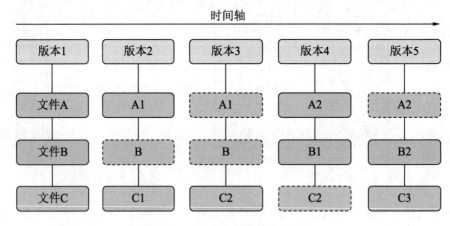

图 11.4　Git 系统存储文件的方式

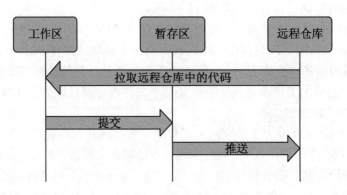

图 11.5　Git 工作空间

Git 的工作流程如图 11.6 所示。

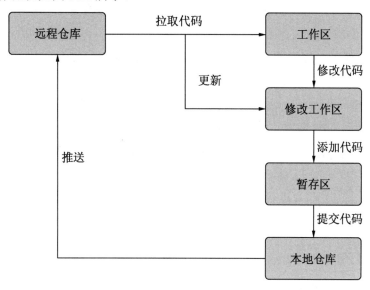

图 11.6　Git 的工作流程

11.1.2　Git 安装示例

在使用 Git 之前需要在本地环境中安装 Git 工具。不同的环境安装 Git 工具的方式是不同的，下面主要以 Mac OS 平台为例介绍 Git 的安装方式。在 Mac OS 环境下，主要通过 Homebrew 来安装 Git 工具。Homebrew 是 Mac OS 平台上的一款软件包管理工具。安装 Homebrew 的命令行如下：

```
$ /bin/bash -c "$(curl -fsSL
https://raw.githubusercontent.com/Homebrew/install/HEAD/install.sh)"
```

完成安装后，查看版本，命令如下：

```
$ brew -v
Homebrew 3.3.14
Homebrew/homebrew-core (git revision 3cce4690280; last commit 2022-05-30)
Homebrew/homebrew-cask (git revision da823aa438; last commit 2022-05-30)
```

然后安装 Git 工具，命令如下：

```
$ brew install git
```

安装成功后，查看 Git 版本，命令如下：

```
$ git version
git version 2.35.1
```

Git 安装完成之后，全局配置用户名与邮件地址，命令如下：

```
$ git config user.name "tedt"
```

```
$ git config user.email "test@xxxx.com"
```

接着在本地初始化仓库，执行如下命令：

```
$ git init testGit
```

本地仓库通常要关联远程仓库，因此需要进行 ssh 配置。首先在本地执行如下命令：

```
$ ssh-keygen -t rsa -C "test@xxxx.com"
```

在本地会生成 id_rsa、id_rsa.pub 文件，复制 id_rsa.pub 文件的内容，在 GitHub 或 GitLab 等远程仓库中配置 SSH keys，如图 11.7 所示。

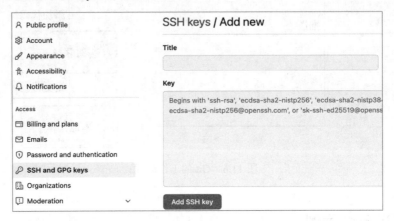

图 11.7　在远程仓库中配置 SSH keys

将远程仓库与本地仓库关联，命令如下：

```
$ git remote add origin <用户的项目地址>
```

关联成功后，即可将本地文件推送到远程仓库中。

11.1.3　Git 的核心命令

Git 命令使用在不同的工作空间。图 11.8 展示了本地工作区、暂存区、本地仓库与远程仓库之间的命令。

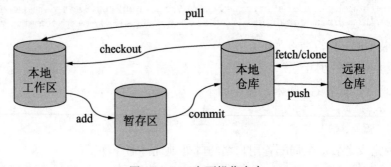

图 11.8　Git 主要操作命令

1. git help命令

Git 命令非常多，如果忘记了，可以使用 git help 命令查看。命令格式如下：

```
$ git help [-a|--all] [-g|--guide]
          [-i|--info|-m|--man|-w|--web] [COMMAND|GUIDE]
```

例如，在本地输入 git help -a 命令，结果如下：

```
$ git help -a
执行 'git help <command>' 来查看特定的子命令

主要的上层命令
    add                 添加文件内容至索引
    am                  应用邮箱格式的系列补丁
    archive             基于一个指定的树创建文件存档
    bisect              通过二分查找定位引入 Bug 的提交
    branch              列出、创建或删除分支
    bundle              通过归档移动对象和引用
    checkout            切换分支或恢复工作区文件
    cherry-pick         应用一些现存提交引入的修改
    citool              git-commit 的图形替代界面
    clean               从工作区中删除未跟踪文件
    clone               克隆仓库到一个新目录下
    commit              记录变更到仓库中
    describe            基于一个现存的引用为一个对象起一个可读的名称
    diff                显示提交之间、提交和工作区之间的差异
    fetch               从另外一个仓库下载对象和引用
    format-patch        准备电子邮件提交的补丁
    gc                  清除不必要的文件并优化本地仓库
    gitk                Git 仓库浏览器
    grep                输出和模式匹配的行
    gui                 一个便携的 Git 图形客户端
    init                创建一个空的 Git 仓库或重新初始化一个已存在的仓库
```

2. git init命令

可以通过 git init 命令初始化一个空的本地仓库。示例如下：

```
$ git init testGit
```

上面的命令会在 testGit 目录下创建一个.git 目录。在该目录下会生成多个文件，查看命令如下：

```
$ ls
HEAD        description     info        refs
config      hooks           objects
```

3. git clone命令

如果想将远程仓库中的文件复制到本地目录下，可以使用 git clone 命令，该命令支持

HTTP、HTTPS、SSH 和 Git 等协议。例如，clone 开源项目 xxl-job 到本地，命令如下：

```
$ git clone https://gitee.com/xuxueli0323/xxl-job.git
$ git clone git@gitee.com:xuxueli0323/xxl-job.git
```

4．git add命令

在本地修改文件后，执行 git add 命令会将修改文件添加到暂存区。如果需要将所有的修改文件添加到暂存区，可以执行如下命令：

```
$ git add
```

5．git commit命令

将暂存区的文件提交到本地仓库中需要使用 git commit 命令。此命令可以将暂存区的当前内容与更改信息一起存储在新的提交中。示例如下：

```
$ git commit -m "commit message"
```

6．git push命令

如果要将本地仓库文件推送到远程仓库，可以使用 git push 命令，前提是本地仓库已经关联了远程仓库。示例如下：

```
$ git push origin master
```

上面的命令是将本地仓库的 master 分支推送到远程仓库 origin 的 master 分支。如果 master 分支不存在，则会被创建。

7．git pull命令

从远程仓库拉取文件到本地仓库可以使用 git pull 命令，此命令会将远程分支与本地分支进行合并。示例如下：

```
$ git pull origin master
```

上面的命令用于拉取远程仓库的 master 分支，然后与当前分支合并。

8．git config命令

git config 是全局配置命令。全局配置用户名和邮件地址的命令如下：

```
$ git config  user.name "tedt"
$ git config user.email "test@xxxx.com"
```

9．git status命令

如果想要查看本地工作区和暂存区的状态，可以使用 git status 命令。使用此命令能查看哪些文件修改被暂存，以及哪些文件未被 Git 跟踪。示例如下：

```
$ git status
位于分支 master
```

未跟踪的文件：
（使用 "git add <文件>..." 已包含要提交的内容）
    test.txt

10．git log命令

如果想要查看提交的日志，可以用 git log 命令。查看提交的 test.txt 日志信息，示例如下：

```
$ git log
commit f5cda2a0b5c49a6266b8449ad7cf1d892f018163 (HEAD -> master)
Date:   Mon Jul 11 16:55:29 2022 +0800
    test
```

11．git reset命令

如果在开发中提交了错误的代码或文件，想要撤回到之前的状态，则可以使用 git reset 命令。此命令用于将当前 HEAD 复位到某一个指定的状态。例如，先在本地修改 test.txt 文件，然后提交，再使用 git reset 命令将其恢复到提交前的状态。示例如下：

```
$ git log
commit e68e7f6cc54fb69dc2ef1ab42a03bf12f256d969 (HEAD -> master)
Date:   Mon Jul 11 17:08:04 2022 +0800

    2

commit f5cda2a0b5c49a6266b8449ad7cf1d892f018163
Date:   Mon Jul 11 16:55:29 2022 +0800

    test
$ git reset --hard HEAD^
HEAD 现在位于 f5cda2a test
```

12．git stash命令

在开发的过程中需要紧急处理一些事情，但是远程分支与本地分支有冲突，要把本地修改暂存起来，然后处理紧急事情，这时可以使用 git stash 命令。示例如下：

```
$ git stash                              #隐藏分支
$ git stash pop                          #弹出
$ git stash list                         #查看
```

13．git tag命令

在开发完成一个版本的时候通常会记录一个版本号，这时就可以使用 git tag 命令。示例如下：

```
$ git tag v1.0
$ git tag
v1.0
```

14. git branch命令

Git 最大的一个优势是协同开发。可以创建多个分支，每个开发者在自己创建的分支下开发。要查看分支信息，可以使用 git branch 命令。示例如下：

```
$ git branch                          #查看分支
* master
$ git branch dev                      #创建分支
```

15. git checkout命令

在多分支开发模式下，如果想要切换不同的分支，则需要使用 git checkout 命令，如果加参数-b，则切换并新建分支。示例如下：

```
$ git checkout dev
切换到分支'dev'
$ git branch
* dev
  master
```

16. git merge命令

当多个开发者在本地分支中完成开发任务后，通常会将其合并到一个分支中。例如，用 test 分支进行测试部署，多个分支合并需要使用 git merge 命令。此命令可以将其他分支中的文件合并到当前分支中。合并 dev 分支到 master 分支的示例如下：

```
$ git merge dev
更新 2140bcf..141cc72
Fast-forward
 test.txt | 2 +-
 1 file changed, 1 insertion(+), 1 deletion(-)
```

17. git diff命令

比较当前工作区文件与暂存区文件的区别可以使用 git diff 命令。示例如下：

```
$ git diff test.txt
diff --git a/test.txt b/test.txt
index 6f4d3ac..31bd6f0 100644
--- a/test.txt
+++ b/test.txt
@@ -1 +1 @@
-dfd1122
+dfd112233
```

18. git fetch命令

git fetch 命令也是从远程仓库中拉取文件。示例如下：

```
$ git fetch origin
```

19．git rm命令

在本地工作区或暂存区删除文件需要使用 git rm 命令。删除文件后执行 git commit 命令可以在仓库中删除文件。示例如下：

```
$ git rm test.txt
```

20．git mv命令

如果想移动或重命名文件，则可以使用 git mv 命令。示例如下：

```
$ git mv text.txt mydir
```

21．git show命令

如果想查看 Git 各种类型对象的信息，则可以使用 git show 命令。示例如下：

```
$ git show v1.0
commit 2140bcfd9064d7775354395923acea25fb6bd973 (tag: v1.0)
Date:   Mon Jul 11 17:42:13 2022 +0800

    test

diff --git a/test.txt b/test.txt
index e69de29..cb3fef8 100644
--- a/test.txt
+++ b/test.txt
@@ -0,0 +1 @@
+dfd
```

22．git remote命令

查看远程分支的命令如下：

```
$ git remote
```

11.2　GitLab 持续集成

基于 Git 的分布式代码托管平台主要有 GitHub、Gitee 和 GitLab 等。GitHub 为开源软件提供在线托管仓库，对公共仓库免费。如果要使用私有仓库，则要付费。Gitee 是开源中国提供的代码托管仓库，它可以加速访问开源项目。GitLab 是可以免费搭建的私有仓库，它由乌克兰的两位程序员开发。当前大多数互联网公司选择 GitLab 作为公司内部的代码管理仓库。GitLab 也是 DevOps 相关运维人员必须掌握的一项知识。

11.2.1 GitLab 简介

GitLab 是一个开源的代码托管系统。通过 GitLab 提供的 Web 界面可以创建公开或私有项目。GitLab 由以下多个服务构成，它们共同完成 GitLab 的运行。

- Nginx：一个代理服务器。
- GitLab Shell：一般用于处理 SSH 的相关操作，主要用来 Git 命令。
- GitLab Workhorse：一个轻量级的反向代理服务器。
- PostgreSQL：一款数据库。
- Redis：缓存库。
- Unicorn：GitLab 的主程序。
- Logrotate：日志文件管理组件。
- Sidekiq：执行异步任务的功能组件。

11.2.2 GitLab 搭建

本小节主要讲解 GitLab 的本地搭建过程。下面基于 MacOS 系统，在 Docker 环境中搭建 GitLab，操作步骤如下：

（1）搜索 GitLab 镜像，命令如下：

```
$ docker search gitlab
```

（2）拉取 GitLab 镜像到本地，命令如下：

```
$ docker pull gitlab/gitlab-ce
```

（3）在本地创建容器，并将容器挂载到本地机器的目录上，命令如下：

```
mkdir -p /Users/gitlab/etc
mkdir -p /Users/gitlab/log
mkdir -p /Users/gitlab/opt
```

（4）启动 GitLab 容器，命令如下：

```
$ docker run \
 -itd  -p 9980:80 \
 -p 9922:22 \
 -v /Users/gitlab/etc:/etc/gitlab \
 -v /Users/gitlab/log:/var/log/gitlab \
 -v /Users/gitlab/opt:/var/opt/gitlab \
 --restart always \
 --privileged=true \
 --name gitlab \
 gitlab/gitlab-ce
```

（5）查询 GitLab 容器状态，命令如下：

```
$ docker ps -a
```

```
CONTAINER ID IMAGE COMMAND CREATED STATUS PORTS NAMES
2531a98bb2d3 gitlab/gitlab-ce "/assets/wrapper" 7 days ago Up 5 seconds
(health:starting) 443/tcp, 0.0.0.0:9922->22/tcp, 0.0.0.0:9980->80/tcp
gitlab
```

首次启动 GitLab 后，访问 http://192.168.31.125:9980/ 即可登录，登录页面如图 11.9 所示。

图 11.9　GitLab 的登录页面

（6）修改 GitLab 密码。首次登录 GitLab 时用 root 用户，并使用默认密码。获取默认密码的命令如下：

```
$ docker exec -it gitlab /bin/bash
root@2531a98bb2d3:/# vi /etc/gitlab/initial_root_password

Password: pFThHur3XW+DYVgzDi30u5oEmngi3Nv6Tc9CBO60wC4=
```

获取默认密码后登录。登录成功后的页面如图 11.10 所示。

图 11.10　GitLab 登录成功后的页面

通常应该将登录密码修改成自己的密码，命令如下：

```
root@2531a98bb2d3:/# gitlab-rails console
-------------------------------------------------------------------------
 Ruby:        ruby 2.7.5p203 (2021-11-24 revision f69aeb8314) [x86_64-linux]
 GitLab:      15.1.2 (ea7455c8292) FOSS
 GitLab Shell: 14.7.4
 PostgreSQL:   13.6
------------------------------------------------------[ booted in 50.05s ]
Loading production environment (Rails 6.1.4.7)
irb(main):001:0> user = User.where(username:"root").first
=> #<User id:1 @root>
irb(main):002:0> user.password="gitlab_test"
```

```
=> "gitlab_test"
irb(main):003:0> user.save!
=> true
irb(main):004:0> quit
```

（7）创建项目。正常登录后就可以创建新项目，如图 11.11 所示。

图 11.11　创建新项目

11.2.3　GitLab Runner 搭建

想要实现 CI/CD 功能，仅靠 GitLab 是不行的，而需要安装 GitLab Runner 来执行任务。GitLab 内部构建了持续集成，可以运行大量的部署任务，如构建任务、测试任务和部署任务等。

GitLab Runner 的特性如下：

- 用 Go 语言编写。
- 可多任务运行。
- 支持多平台部署。
- 支持 Docker 容器。

本节主要介绍 GitLab Runner 的搭建，并将其注册在已经安装好的 GitLab 中。

（1）搜索 GitLab Runner 镜像，命令如下：

```
$ docker search gitlab-runner
```

（2）拉取 GitLab Runner 镜像到本地，命令如下：

```
$ docker pull gitlab/gitlab-runner
```

（3）在本地创建容器时需要将其挂载到本地目录，命令如下：

```
mkdir -p gitlab-runner
```

（4）启动 GitLab Runner 容器，命令如下：

```
$ docker run -d \
 --name gitlab-runner \
 --restart always \
 -v /Users/gitlab-runner:/etc/gitlab-runner \
 -v /var/run/docker.sock:/var/run/docker.sock \
 gitlab/gitlab-runner:latest
```

（5）查询 GitLab Runner 容器的状态，命令如下：

```
$ docker ps -a
CONTAINER ID IMAGE COMMAND CREATED STATUS PORTS NAMES
ad60cd27d774 gitlab/gitlab-runner:latest "/usr/bin/dumb-init …" 7 days ago
Up 4 seconds gitlab-runner
```

（6）查询 GitLab 的 token（令牌）。

在已经部署的 GitLab 中查询 token，结果如图 11.12 所示。

图 11.12　查询 token

（7）注册 GitLab Runner，命令如下：

```
$ docker exec -it gitlab-runner bash
root@ad60cd27d774:/# gitlab-runner register
Runtime platform                              arch=amd64 os=linux pid=57
revision=76984217 version=15.1.0
Running in system-mode.

Enter the GitLab instance URL (for example, https://gitlab.com/):
http://192.168.31.125:9980/
```

```
Enter the registration token:
GR1348941H2zLyB85nCY_cubgnSWB
Enter a description for the runner:
[ad60cd27d774]: gitlab-runner
Enter tags for the runner (comma-separated):
v1.0
Enter optional maintenance note for the runner:
test
Registering runner... succeeded                 runner=GR1348941H2zLyB85
Enter an executor: custom, parallels, ssh, virtualbox, docker, docker-ssh,
shell, docker+machine, docker-ssh+machine, kubernetes:
docker
Enter the default Docker image (for example, ruby:2.7):
docker:20.10.14
Runner registered successfully. Feel free to start it, but if it's running
already the config should be automatically reloaded!
```

注册成功后，在 GitLab 上可以看到 GitLab Runner，如图 11.13 所示。

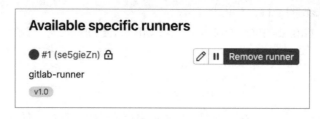

图 11.13　GitLab 注册成功

11.3　Jenkins 交付

前两节介绍了代码管理工具 GitLab 与执行器 GitLab Runner 的相关内容。在实际开发中，开发者希望提交代码后马上能将其部署到服务器上，从而实现实时部署。这时需要利用持续集成工具——Jenkins。Jenkins 是一款流行的开源软件，它提供免费的持续集成服务。本节主要讲解 Jenkins 的相关知识。

11.3.1　Jenkins 简介

Jenkins 是一款基于 Java 语言编写的开源软件，它用于监控持续重复的工作，如持续集成、持续测试和持续发布等。在 Jenkins 官网上可以看到它有如下特性：
- 持续集成与交付：作为一个可扩展的自动化服务工具，Jenkins 可以作为一个简单的 CI 服务器使用，也可以作为任何项目的持续交付中心。
- 容易安装：Jenkins 是基于 Java 语言开发的程序，它可以运行在多种操作系统平台上。通过简单的命令即可成功运行 Jenkins。

- 容易配置：Jenkins 提供了友好的 Web 页面，通过 Web 页面即可轻松设置和配置相关内容。
- 支持插件：Jenkins 的强大在于它提供了大量的插件。在更新中心中有数百个插件，Jenkins 实际上集成了持续集成和交付工具链中的每一个工具。
- 可扩展：Jenkins 通过其插件架构进行扩展，这为 Jenkins 的相关功能扩展提供了无限的可能性。
- 分布式：Jenkins 可以轻松地在多台机器上分配任务，从而帮助开发者更快地在多个平台上构建、测试与部署代码。

总体来说，Jenkins 是一个自包含的开源自动化服务器，它可以用来自动化与构建、测试、交付或部署软件开发中的各种任务。

11.3.2　Jenkins 搭建

Jenkins 可以在 Linux 下安装，也可以在 Windows 平台上部署。本节主要介绍如何在 Docker 环境下进行部署，步骤如下：

（1）搜索 Jenkins 镜像，命令如下：

```
$ docker search jenkins
NAME DESCRIPTION STARS OFFICIAL AUTOMATED
jenkins DEPRECATED; use "jenkins/jenkins:lts" instead 5514 [OK]
jenkins/jenkins The leading open source automation server 3087
```

（2）拉取 Jenkins 镜像到本地，命令如下：

```
$ docker pull jenkins/jenkins
```

（3）在本地创建容器需要挂载的目录，命令如下：

```
mkdir -p jenkins
chmod 777 jenkins
```

（4）启动 Jenkins 容器，命令如下：

```
$ docker run -d \
 -p 10240:8080 \
 -p 10241:50000 \
 -v /Users/jenkins:/var/jenkins \
 --name jenkins \
 --privileged=true \
 jenkins/jenkins
```

（5）查询 Jenkins 容器的状态，命令如下：

```
$ docker ps -a
CONTAINER ID IMAGE COMMAND CREATED STATUS PORTS NAMES
6e03b6c36c53 jenkins/jenkins "/usr/bin/tini -- /u…" 7 days ago Up 3 seconds
```

```
0.0.0.0:10240->8080/tcp, 0.0.0.0:10241-> 50000/tcp jenkins
```

（6）修改 Jenkins 密码。启动 Jenkins 后，访问 http://192.168.31.124:10240/即可登录 Jenkins。首次登录 Jenkins 需要获取其默认密码。查询默认密码的命令如下：

```
$ docker exec -it jenkins /bin/bash

jenkins@6e03b6c36c53:/$ cat /var/jenkins_home/secrets/initialAdminPassword
9fbdd5499ab54b06be0ccda2a9bd5001
```

使用默认密码登录后的页面如图 11.14 所示。

图 11.14　Jenkins 登录成功后的页面

登录后 Jenkins 会默认安装推荐的插件，如图 11.15 所示。

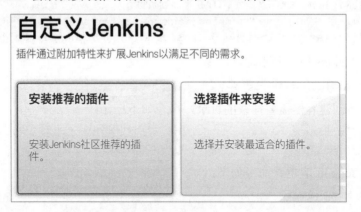

图 11.15　安装 Jenkins 默认插件

安装完插件后可以设置登录名与密码，至此完成了 Jenkins 的搭建。

11.3.3　Jenkins 应用部署

Jenkins 通过创建一个任务来执行部署任务。例如，创建一个自由风格的软件项目，结果如图 11.16 所示。

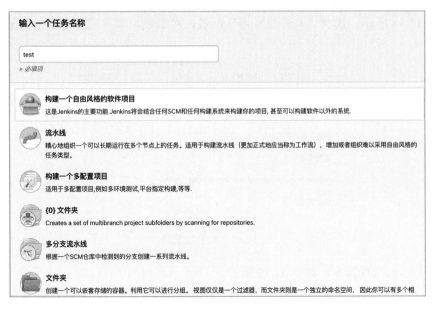

图 11.16　创建自由风格的项目

然后进行源码管理。如图 11.17 所示，可以填写 Git 远程仓库地址。

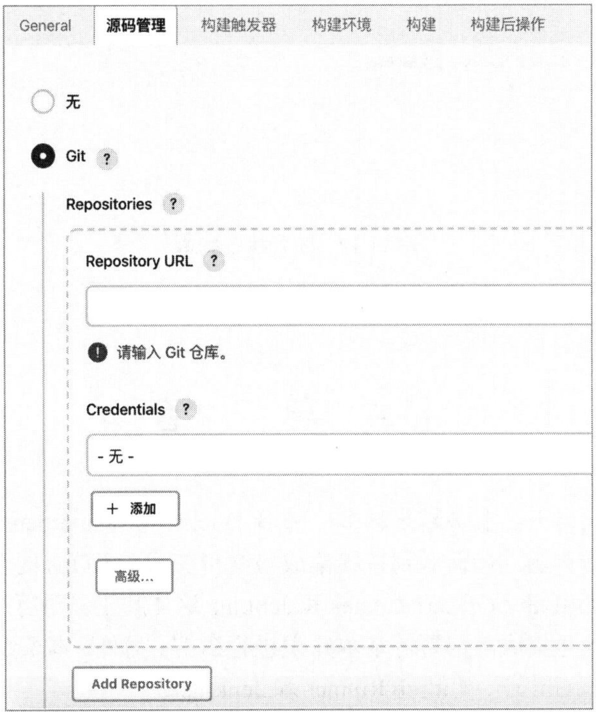

图 11.17　填写 Git 远程仓库地址

如图 11.18 所示，选择"构建触发器"标签，可以使用脚本或者 Git 远程仓库来触发执行等。

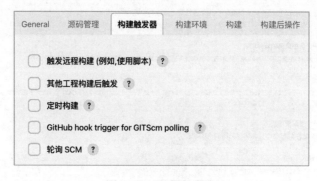

图 11.18　配置触发器

配置具体的执行脚本，如图 11.19 所示。

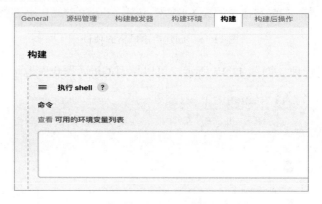

图 11.19　配置执行脚本

配置完之后，即可进行任务构建。

11.4　总　　结

在微服务流行的当下，服务越来越多。随着 Docker 和 Kubernetes 的不断发展，云平台部署方式变得非常普遍，如何做到持续集成与交付变成 DevOps 的一个重点发展方向。本章主要针对 Git、GitLab、GitLab Runner 和 Jenkins 这 4 款工具进行了简单的介绍，主要围绕代码管理和自动化集成与部署等基本知识进行讲解。另外，本章还介绍了基于 Docker 容器如何在本地搭建 GitLab、GitLab Runner 和 Jenkins。